HOMEOPATÍA

para una buena digestión

ROLAND SANANÈS

HOMEOPATÍA

para una buena digestión

Respuestas eficaces para recuperar
el equilibrio y la vitalidad

RBA integral

Homeopatía para una buena digestión

Título original: Homéodigestion
Autor: Roland Sananès
Traducción: Tabita Peralta
Diseño de colección: Jordi Salvany
Diseño de cubierta: Jordi Salvany
Fotografía de cubierta: Photodisc
Compaginación: Pacmer, S. A. (Barcelona)

Pérez Galdós, 36 – 08012 Barcelona
www.rbalibros.com / rba-libros@rba.es

Ref: SN-34 / ISBN: 84-7901-806-2
Dep. Legal: B-6.977-2002
Impreso por Novagràfik, S. L. (Montcada i Reixac)

Índice

Prólogo

Casi tres cuartas partes de la población sufre problemas del aparato digestivo. Gracias a las técnicas de diagnóstico por la imagen y a la tecnología moderna podemos descubrir, tras múltiples tratamientos, que el motor funciona con dificultad. El estómago no es el único que paga un pesado tributo a la vida moderna, hecha de estrés, de carreras contra reloj y de alimentos procesados. El hígado protesta, el intestino duele; en fin, la digestión se vuelve problemática y difícil, y la salud se resiente. El ser humano, a menudo, no mastica los alimentos lo suficiente y se queja continuamente a causa de un colon irritable.

El tubo digestivo, tapizado de mucosas, sufre también los asaltos del tiempo. Cuando llegamos a una edad madura observamos con inquietud las restricciones impuestas a los placeres de la mesa: miramos con envidia las extravagancias alimentarias de la juventud que no dejan huella alguna.

¿La medicina alopática proporciona los mejores tratamientos para este aparato digestivo maltratado? Nada de eso, porque los médicos no siempre utilizan correctamente la dietética, que es la base de la terapéutica.

Los medicamentos químicos multiplican los efectos secundarios y no resuelven los verdaderos problemas. Muchos pacientes de reumatología terminan en otra rama de la medicina: la gastroenterología.

Antiguamente, el reflujo gastroesofágico era un problema de niños; hoy, la hernia de hiato aparece a los cincuenta años, y la diverticulosis afecta a personas que han llegado a la tercera edad.

Individualidad y cultura

El tubo digestivo es la gran vía de abastecimiento diario del ser humano. Junto a la renovación del carburante energético, esta vía une el placer con el remordimiento, la gratificación con el estrés y, a fin de cuentas, el resultado va en perjuicio de la imagen del cuerpo, que luego repercute en el espíritu.

La nutrición es, junto con el movimiento y la respiración, la gran función de la existencia humana. El hombre a menudo se interroga sobre su impacto en el medio ambiente y los problemas ecológicos que se discuten actualmente, junto con el problema de los organismos modificados genéticamente y la inquietante progresión de las alergias. El consumo alimentario se basa cada vez más en la cantidad, hábilmente adornada de calidad, de forma que debemos interrogarnos sobre la alimentación frente a cualquier paciente que sufra una enfermedad. Un alimento inocente mezclado con otro se vuelve perverso; como pasa por ejemplo con la leche, que compromete, a menudo, nuestro equilibrio de salud.

Preocupado por sus decisiones pero alienado por sus atracciones y sus instintos, el hombre moderno se aleja de sus orígenes por medio de la sofisticación de sus gustos. Abundancia y escasa nutrición son las paradojas de nuestra sociedad. Una población feliz come en exceso, pero si está deprimida, hace lo mismo.

La sociedad alimentaria está dominada por el deseo, la mirada, la emoción. Nos alejamos del buen uso. La alimentación tanto puede ser fuente de curación y longevidad como abrir las puertas a la enfermedad. La molécula medicamentosa bioquímica no alcanza a suplir todas las carencias. Se vuelven a discutir las ventajas de las proteínas animales y vegetales. ¡Vaya ciencia la de los personajes de renombre, supuestamente infalibles, que afirman que el valor de la carne es superior en un 30% al de las proteínas vegetales! Muchas personas no comen nunca carne, tienen una alimentación sin sal y sobria, y, sin embargo, gozan de una resistencia que envidiarían estos sabios nutricionistas y que los carnívoros sólo alcanzan con la ayuda del alcohol, el café y otras drogas.

La función nutritiva es la marca cultural de un individuo (del biberón de la infancia a los sibaritas impenitentes) y las preguntas del ser humano frente a su entorno, sus apetitos y su desgana por la vida serán tan importantes como el resultado de una fibroscopía.

El psiquismo es preponderante, y el médico debe tenerlo en cuenta, ya que la vida es diversidad y marca al ser humano con señas múltiples y sutiles. Las impresiones digitales y el ADN son los símbolos de esta diversidad transmitida por el peso incierto de las palabras.

Para actuar profundamente, la homeopatía

Es cierto que la medicina ha ido adquiriendo experiencia, pero si bien calmar el dolor es un acto preciso, comprender las quejas tiene una decodificación compleja. Existe una medicina que interroga y cura sin agredir. Recibe el nombre de homeopatía: no se beneficia de ninguna corriente mediática sino, por el contrario, goza del distinguido desprecio del cuerpo médico y de la «alergia intelectual» de la medicina oficial.

La medicina alopática ha progresado y la vida es más larga, pero esto provoca también un suplemento de malestar y de intolerancia. «Medicina a dos velocidades» se ha escrito en el ámbito económico o social; medicina con dos maneras de actuar, sobre todo: la primera alivia pero con efectos secundarios, la otra repara y reconcilia con la vida.

Nos podemos preguntar sobre la sabiduría de los países pobres que la han adoptado, dejando a los países desarrollados todo el peso de la industria farmacéutica izada al primer plano de la economía. Afortunadamente, no existe el control incondicional del dolor; el enfermo tiene voz en el tema para apreciar lo que es beneficioso o no para su cuerpo, y lanzarse en busca de otras posibilidades.

La homeopatía aporta su nota cualitativa y atenúa los estragos producidos por los grandes errores alimentarios. El tubo digestivo sigue siendo el terreno de misteriosos combates, desde el sarro y la parodontosis hasta la rectolitis hemorrágica. La medicina se pierde en los diferentes niveles del cuerpo sin esta mirada indispensable sobre un ser humano siempre diferente en busca de su equilibrio.

La homeopatía, no tóxica y desprovista de efectos secundarios, llena un vacío demandado por la sociedad con la aplicación de estos antídotos infinitesimales que corrigen la indecente saturación de productos farmacéuticos. Pero el médico, mal informado, se precipita hacia el consumo de medicamentos cómodos, y quien sufre las consecuencias y compromete su salud es el paciente.

El doctor Roland Sananès ejerce la medicina en París desde 1957. Es diplomado en medicina física. Realiza varias funciones en el ámbito pedagógico: director del Collège Français de Sciences Humaines y director de estudios en Toulouse, Montpellier, Burdeos y Niza. Ha sido presidente de la Sociedad Médica de Bioterapia y da clases en diferentes centros universitarios de Francia.

La homeopatía, el otro camino de la medicina

Actualmente, la alopatía ha progresado en varios puntos y ha adquirido experiencia en cuanto a investigación, asistencia y urgencias.

Sus conquistas son positivas; sin embargo, los medios son una cosa y su utilización otra muy diferente. El empleo de potentes medicamentos puede ser abusivo o ceder a una moda inspirada por la industria farmacéutica, la prensa o los medios de comunicación. Al médico no le interesa abusar de las novedades terapéuticas, por el bien de sus enfermos.

Existen drogas cómodas, pero no por ello protegen a las personas ni a su medio, ni reducen las plagas permanentes como el tabaquismo, el alcoholismo o la contaminación.

En terapéutica, el margen entre eficacia y toxicidad es muy estrecho, y la investigación más fecunda no es siempre la más aparente. El número de intolerancias aumenta cada día regularmente y la lista de efectos secundarios se amplía en el *Vademécum*.

Las enfermedades crónicas requieren soluciones sanas para mejorar el destino de quienes las sufren. Pero éstos sólo pueden recurrir, con la medicina alopática, a tratamientos paliativos impuestos.

Historia de la homeopatía

Desde hace dos siglos la medicina homeopática se propone organizar y recuperar las defensas naturales del organismo frente a las agresiones exteriores, porque es peligroso oponer un contaminante a otro y, peor aún, adicionarlos.

Samuel Hahnemann, un médico alemán del siglo XVIII, época de pocos avances médicos, sufría al ver tantos fracasos en el tratamiento de sus enfermos tras la aplicación de lo que había aprendido durante sus brillantes estudios médicos. Estaba empapado de las lecturas de Hipócrates, médico griego considerado como el padre de la medicina. Las enfermedades y la mortalidad alcanzaban entonces sus niveles más altos. La posibilidad de convertirse en verdugo de sus semejantes por ignorancia se convirtió en un suplicio para Hahnemann. Su mente estudiosa se volvió hacia la toxicología, la ciencia de los venenos y de los tóxicos.

La lectura de las investigaciones de Cullen sobre la quina y la traducción de su *Tratado de materia médica* fueron una revelación, y Hahnemann decidió experimentar este producto sobre sí mismo. Por entonces, se utilizaba la quina para curar las fiebres, es decir, la malaria. Ingirió cantidades muy importantes y se dio cuenta de que experimentaba los mismos síntomas que sus enfermos.

Esto le llevó a plantearse la siguiente hipótesis de trabajo: «Una sustancia que produce ciertos síntomas mórbidos en una persona sana puede curar al enfermo que presenta esos mismos síntomas». Multiplicó las experiencias entre sus conocidos hasta 1796, fecha en la que formuló el **principio de la similitud,** que marca, de alguna manera, el nacimiento de la homeopatía.

Este principio dice: «*Cualquier sustancia capaz de provocar cierto número de síntomas en el sujeto sano es capaz de curar estos mismos síntomas en el sujeto enfermo*».

Cuerpo y mente

Nuestro organismo ha sido creado para curarse a sí mismo sin cesar. No forzosamente reacciona como el organismo animal, y Hahnemann prefería validar la experiencia empíricamente. Para limitar la toxicidad, diluyó considerablemente las dosis y así descubrió lo infinitesimal.

La homeopatía se basa en un principio: **la unidad del cuerpo y de la mente**. Los «ladrillos» que componen la materia sólo pueden existir en su relación con el conjunto. Las enfermedades son siempre generales. Si el cuerpo es agredido, la mente está en estado de alerta y participa en la defensa. El diagnóstico se basa siempre en el comportamiento global del paciente, de lo fisiológico a lo subjetivo y lo psíquico.

Cada ser humano es único. Cada uno ve el mundo a su manera, según su historia, sus experiencias y sus objetivos. Cada uno de nosotros aprende a organizar su cerebro, de forma que sus procesos de pensamiento y de percepción son también únicos y, en consecuencia, diferentes de los de otra persona.

Cualquier lesión de nuestros tejidos se acompaña de un déficit emocional y psíquico, de un comportamiento altamente individualizado. Ante un cólico nefrítico, un dolor en el cuello o una digestión laboriosa, toda nuestra identidad se rebela, se expresa. Nuestra conciencia acompaña el estado del cuerpo: «Hay que curar el cuerpo para que el alma esté contenta», escribió muy acertadamente san Vicente de Paul.

Para algunos, las grandes emociones de la mente pueden ser las verdaderas causas profundas de la enfermedad del cuerpo, y los estados psicosomáticos son los precursores de afecciones más graves. Se sabe que la *patología funcional* (trastorno del funcionamiento de un órgano) aumenta de año en año y motiva gran número de consultas.

La salud es una armonía silenciosa donde lo cualitativo triunfa sobre lo cuantitativo. ¡Cuántas personas son víctimas de esas penas del alma, esos arañazos cotidianos de la sensibilidad que pasan desapercibidos para el otro, para quien los provoca! Los miedos, los celos, la ansiedad, las frustraciones y las decepciones pueden afectar a todo el cuerpo. Hay que explorar los sentimientos humanos: los problemas afectivos, la óptica personal de la vida, la indiferencia, la agresividad, la falta de confianza en uno mismo, el comportamiento verbal, el mutismo (lo no dicho) o la verborrea (conversación ininterrumpida y enfermiza).

Conviene detectar las señales del ser en conflicto: las aprensiones espontáneas, la humillación, la sociabilidad o la aversión por la compañía, la agravación por las penas o las malas noticias, así como las fobias, el miedo a estar solo, el miedo a la multitud, a la oscuridad, a la muerte. Todos esos miedos se remontan a veces a circunstancias anteriores al desarrollo de la enfermedad y siguen siendo los elementos decisivos que el médico debe inscribir en el registro de la observación objetiva.

Einstein dijo que existe una evidencia indiscutible de las leyes del orden y de la unidad del universo; desde la espiga de trigo hasta el movimiento de las estrellas y las plantas. La programación sigue un orden. En el hombre, se expresa a través del ritmo del corazón, las pulsaciones y la respiración. Cada segundo, 150.000 glóbulos rojos se destruyen y se renuevan. Einstein, con su gran intuición, cambió el mundo demostrando que la materia no es realmente sólida: es más bien energía comprimida y puesta en acción.

La riqueza de nuestras neuronas no tiene igual. El doctor Salmanoff estudió la arquitectura de la Vía Láctea y comparó nuestras células cerebrales con las estrellas celestes, estos microsoles capaces de proyectar ondas luminosas. Más de seis mil millones de seres humanos habitan nuestro planeta. Pensemos en esta potencia soleada que se contenta con encender unas débiles velas para asegurarse los pequeños placeres de la vida. Algunos seres humanos, como Mozart o Schubert, han explotado lo mejor de su corteza cerebral durante su corta pero brillante vida.

Según Gurjieff, somos como un coche de caballos compuesto por un tiro (el cuerpo), un caballo (las pasiones) y un cochero (el cerebro). El médico homeópata dirige su mirada hacia el cochero (el cerebro) y también hacia arriba y hacia abajo (el cuerpo y el tiro).

Otra medicina

La vida es una combinación de elementos simples que representan el 99,98% de la materia viva. Son el carbono, el hidrógeno, el nitrógeno y el oxígeno. Gabriel Bertrand amplió esta visión a los 18 componentes que actúan en dosis infinitesimales y representan el 0,02% de la vida celular (hierro, bromo, silicio, arsénico, cobre, magnesio y aluminio). Son verdaderos catalizadores de la vida, capaces de estimular o controlar las reacciones químicas celulares. Estos elementos se utilizan hoy en medicina, son los oligoelementos. Su presencia es indispensable para la vida. La homeopatía lleva aún más lejos las fronteras de lo infinitamente pequeño.

La dosis infinitesimal

Hay que saber entrar en los enigmas de la dosis. Sus efectos reparadores y beneficiosos han sido experimentados, al contrario que la dosis ponderal tóxica, en el hombre y no en el animal.

Hahnemann descubrió que, cuanto más diluía la sustancia medicamentosa, más multiplicaba su poder de reacción sobre el enfermo. ¡Qué anticipación sobre el átomo representaba su investigación! «La vida salda sus intercambios con la calderilla del electrón» (Lwoff). Hahnemann constató además que las sacudidas que imprimía a sus soluciones para homogeneizarlas también reforzaban la acción del producto. Es la **dinamización** que, aún hoy, forma parte de la fabricación del medicamento homeopático.

La dosis infinitesimal ¡qué genial hallazgo! En el alba del tercer milenio, el ser humano ha conquistado el espacio y la velocidad. Al mismo tiempo, ha tenido acceso a lo infinitamente pequeño, al mundo del átomo, a la vez destructor (bomba atómica) y reparador (radioterapia).

El medicamento homeopático proviene de los tres reinos de la naturaleza: vegetal, mineral y animal. Se obtiene diluyendo varias veces un producto básico, a menudo una tintura madre, o un producto triturado si se trata de minerales (en este caso, se comienzan las diluciones por la 3 CH).

La primera centesimal hahnemaniana corresponde a la dilución de una parte del producto en 99 partes de disolvente. Por ejemplo, un medicamento a la quinta dilución hahnemaniana (5 CH) se ha obtenido mediante cinco diluciones sucesivas.

La tintura madre (TM) también forma parte de la terapéutica homeopática.

La dosis infinitesimal homeopática permite borrar los mensajes biológicos. Una de las víctimas del atentado del metro Saint Michel de París, que había perdido la voz, la recuperó gracias a GELSEMIUM, que borró ese momento de pánico y le devolvió el uso de la palabra. Un niño de 8 años, aterrorizado por abusos sexuales en una escalera

oscura, pudo recibir a los 16 años su remedio, ARNICA, verdadero antídoto contra las agresiones, y borrar así las huellas de su trauma.
«Juegue con los iones y los miliequivalentes, pero observe al hombre y no al robot». (Pasteur Valéry-Radot).

El doctor J. Benveniste demostró que es posible diluir una solución acuosa de un anticuerpo hasta el infinito sin que pierda su actividad biológica. Esta solución altamente diluida mostraba incluso variaciones rítmicas de actividad, lo cual confirma la acción de los medicamentos homeopáticos.

La ley de la similitud

El remedio es el reflejo de la persona. Se designa un estado por el remedio que le corresponde. Se puede comparar el remedio homeopático a un retrato robot. Se dice que una persona es SULFUR o IGNATIA de acuerdo con la experimentación y los síntomas que siente el enfermo; de alguna manera, es su «contraimagen».

Una mirada a los retratos

- GELSEMIUM corresponde al miedo a vivir
- NUX VOMICA tiene rasgos de autoridad
- AURUM sufre de melancolía
- ACONIT Y ARSENICUM expresan su miedo consciente o inconsciente frente a la existencia

La recopilación de síntomas realizada por la larga familia de homeópatas desde Hahnemann tiene una dimensión impresionante. Recoge todos los síntomas del ser humano, que difieren de los del animal. Se sabe que un experimento practicado sobre un animal perturba el objeto de estudio.

Ley de los semejantes y no de los contrarios

En el uso popular, se ha producido una gran confusión: «la homeopatía cura el mal con el mal...». Esto es una simplificación de los hechos.

La alopatía se basa en la ley de los contrarios: se administra un antibiótico para vencer a los gérmenes microbianos, un antihistamínico en caso de alergia y una aspirina para calmar el dolor de cabeza.

La homeopatía cura con mucha más fineza y complejidad. El arsénico, la belladona o el veneno de serpientes matan a dosis ponderales, pero se convierten en remedios suministrados en atenuaciones infinitesimales. Al otro lado de la ley de los contrarios, está la virtud y la riqueza de los recursos de la vida. Hahnemann estaba convencido, en su pensamiento filosófico o moral, de que, si bien Dios había admitido el mal sobre la Tierra, también había depositado en los mundos mineral, vegetal y animal la solución a los males de la humanidad.

El gran libro de la naturaleza está abierto a los recursos de las fuerzas de la vida sin necesidad de sustancias tóxicas.

Empirismo y tradición

Los recursos empíricos de la naturaleza son una apertura al mundo científico.

- FORMICA RUFA (la hormiga roja) contiene aldehído fórmico. El campesino que tiene la mala suerte de pisar un hormiguero experimenta una hinchazón inmediata; después, la curación es finalmente un remedio preventivo contra el reumatismo. FORMICA RUFA es un excelente tratamiento para los trastornos de las pequeñas articulaciones de la mano.

- AURUM (el oro) es el remedio de la melancolía invernal, como la de Luis II de Baviera, que se suicidó un día de enero en los pantanos de su castillo. Tenía la obsesión de decorar cada mes las guirnaldas de su residencia con finas capas de oro. AURUM corresponde a las depresiones del oro y de la luz, que se curan con bombillas de 500 vatios.
- HEKLA LAVA (la lava del monte Hekla) repara las lesiones de osteítis y las parodontosis. Las cabras que pastaban al pie del monte Hekla presentaban lesiones de osteítis en el maxilar inferior.
- BORAX es el remedio de los trastornos debidos a movimientos de descenso. Es también el remedio de la otitis baro-traumática de las azafatas. Hahnemann lo descubrió utilizando el bórax en los niños que lloraban en cuanto los depositaban en la cuna.
- GUN POWDER (la pólvora de fusil) es uno de los remedios del acné (quizás el único). Durante la guerra de Secesión de Estados Unidos, los tiradores tenían el rostro cubierto de dermatosis (afección de la piel) debido a los disparos repetidos.
- THERIDION (un insecto) y TARENTULA HISPANICA (una araña) amortiguan y atenúan la estimulación auditiva excesiva ocasionada por el ruido en los adolescentes (discoteca, música, *walkman*).

La globalidad

El homeópata interroga lo alto y lo bajo, hacia arriba y hacia abajo, lo psíquico y lo orgánico. La información circula por el cuerpo, de modo que preguntar sobre el déficit emocional es muy natural, sobre todo cuando se soporta una enfermedad desde hace largo tiempo.

- SEPIA está abrumado en la vida por su estreñimiento atónico y su decaimiento visceral: la colibacilosis favorece su melancolía y su visión negra de las cosas.

• IGNATIA sufre de dispepsia, de inapetencia o de bulimia en proporción a sus duelos o a su estrés afectivo.
• CHAMOMILLA, que sufre del abdomen o de los dientes, está descontento con todo, es impaciente o agresivo.
• CINA, verminoso, resulta insoportable.
• ANTIMONIUM CRUDUM protesta cuando le retiran el plato, porque le gusta comer.
• SULFUR, un goloso impenitente, es el campeón de las mezclas y de los excesos alimentarios; es famoso por su negligencia y su desorden.
• PHOSPHORUS, de mucosas delicadas, tiene una elegante compasión por los demás.
• ARGENTUM NITRICUM se precipita en todo, su espíritu está atormentado y es tan rápido como su tenedor.
• ARSENICUM ALBUM, cada gastroenteritis o cada diarrea grave que sufra renuevan su miedo a morir.
• NITRICUM ACIDUM, sus mucosas y bordes cutaneomucosos ulcerados (bordes de la piel) en el ano hacen que se sienta agredido por los demás.
• PHOSPHORICUM ACIDUM, sus diarreas silenciosas son la antesala de la melancolía, el autismo y las tendencias suicidas.

Definir el terreno

Al nacer, recibidos nuestros cromosomas, se dibuja una parte de nuestra identidad. Pero nuestra construcción ya es un tejido, un hogar, una arquitectura.

En esta tela, se depositarán las escrituras de nuestra vida: es el *terreno*, con las huellas de la enfermedad, en capas superpuestas en el tiempo.

Observaremos que hay tres constituciones:

- El tipo **carbónico**, dotado de robustez y de resistencia. Este tipo está expuesto al sobrepeso, a los excesos innatos y a una lentitud progresiva tanto física como psíquica.
- El **fosfórico**, caracterizado por la delgadez, la elegancia y el aspecto esbelto. Este hipersensible poco resistente se encuentra expuesto, por su viva sensibilidad, a dirigir la mirada entusiasta hacia lo ideal, hacia la belleza. Puede hundirse fácilmente en la depresión.
- El **fluórico**, hiperflexible, de tejidos elásticos y flojos, sujeto a la escoliosis y de carácter inestable, rechaza hoy lo que admiraba ayer.

El terreno de SULFUR, este alegre vividor, es una abundante sucesión de enfermedades relacionadas entre sí. Del acné a la jaqueca, del eczema a la colitis, de la dermatosis a la hipertensión y la artrosis a causa del exceso de peso; todas estas enfermedades se superponen en capas sucesivas, pero las soporta con cierto humor y no permite que alteraren su mirada optimista frente a la vida. Ante todas las dificultades, ya sean alimentarias, microbianas, atmosféricas o psíquicas, la vida interior se modifica y ofrece su expresión al observador.

Este ejemplo nos muestra el importante papel del psiquismo en la génesis de las enfermedades. La disminución de la inmunidad está de moda. Da la medida de un saber muy incompleto. Se culpa a nuestro psiquismo hablando de «inmunodepresión» frente a una dermatosis crónica. El enfermo se ha rendido, su psiquismo protesta. ¿Por qué no escuchar su significado secreto? En unos casos, se camufla con un ansiolítico; en otros, se descifra la sutileza de los trastornos afectivos.

Por otra parte, con la edad, la salud sufre una degradación progresiva, y los trastornos se inscriben en nuestra identidad, en nuestro destino.

Al nacer, no todos estamos equipados, en el ámbito inmunitario, de la misma manera, tanto más cuanto que la leche en los primeros años de la vida puede exponernos a algunas susceptibilidades molestas.

Otros, gozan de una resistencia a toda prueba y acumulan todos los riesgos. Son los sanguíneos, sometidos a excesos alimentarios que perturbarían a otros o los conducirían al servicio de urgencias. Llevan en sí esta especie de residuo bien tolerado.

Los fosfóricos tienen una fragilidad congénita ante los microbios y ante el mínimo exceso alimentario, y deben adoptar una alimentación austera sin franquear la línea.

La *sicosis* es un envejecimiento físico y psíquico con relajamiento de los tejidos. Los medicamentos químicos hacen ganar 10 kg en pocos meses a los que la sufren. Su vida alimentaria es un martirio. A pesar de estar condenados a 800 calorías, su peso apenas se mueve. Un motivo de estrés o un telegrama desagradable les hacen aumentar 1 kg. ¡Difícil destino! Aparte de la gula, parecen envolverse pasivamente de grosor y capitulación para protegerse de la agresividad de los demás.

El terreno, en homeopatía, es todo un panorama de vida. A esta diversidad, se asocia un cierto destino metabólico y digestivo.

El medicamento homeopático

El médico homeópata elige la dilución del medicamento que prescribe en función de los síntomas que presenta su paciente, porque estas diluciones actúan a niveles diferentes, que van desde el tejido orgánico al psiquismo y el alma, como nos muestra el cuadro siguiente.

Para mayor claridad, tomemos el ejemplo de ARNICA y sus diversas utilizaciones según las diluciones.

1 CH = dilución a 1/100

ARNICA 4CH: contusiones y hematomas

2 CH = dilución a 1/10.000

ARNICA 7CH: estrés y traumatismos

3 CH = dilución a 1/1.000.000

ARNICA 15 CH: duelo, violación y agresión a niños.

Lo infinitesimal borra y diluye la toxicidad.

La mayoría de los homeópatas utilizan la dilución 4 CH para las lesiones orgánicas ARNICA en caso de equimosis en el deportista, la 7 CH corresponde a una zona de eficacia neurovegetativa (estrés, adrenalina, una ruptura afectiva), la 15 CH o la 30 CH se emplean en las grandes conmociones psíquicas (duelo, violación, terror).

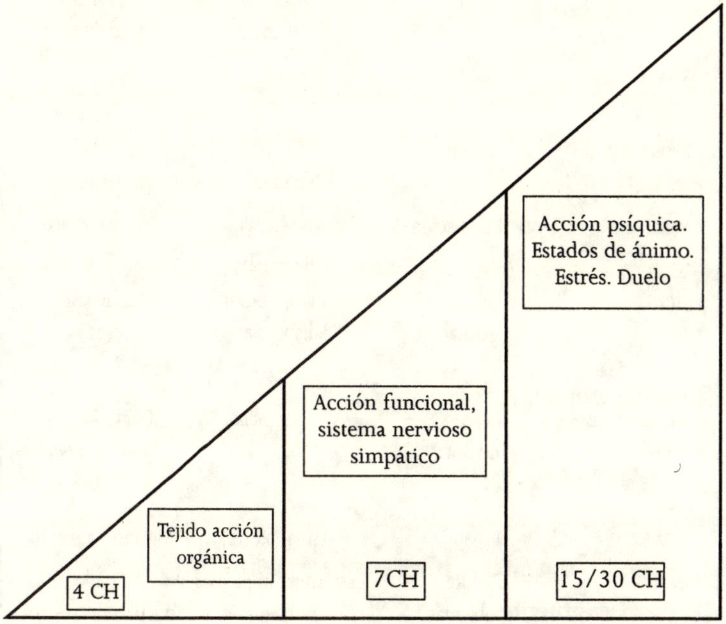

Zonas de acción de los medicamentos homeopáticos en función de las diluciones

NIVEL DE ACCIÓN DE LOS MEDICAMENTOS HOMEOPÁTICOS			
	4 CH	7/9 CH	15/30 CH
ARSENICUM ALBUM	Inflamación aguda	Asma, dermatosis,	Miedo a morir a estar solo, cartesiano angustiado.
ACONITUM NAPELLUS	Acceso de frío	Dolores intolerables	Miedo a los espacios estrechos, angustia pura.
ARGENTUM NITRICUM	Gastroenteritis	Flatulencia	Fobia al paso del tiempo
NUX VOMICA	Dispepsia (sobrecarga)	Espasmo	Intolerancia a la contradicción
IGNATIA	Digestión paradójica	Sensación de bola en la garganta	Trabajo de duelo
GELSEMIUM	Gripe	Relajación de esfínteres	«Agujetas», miedo de vivir
SULFUR	Sobrepeso, prurito	Estado pletórico	Optimismo, ansiedad de vigilancia
PHOSPHORUS	Hígado	Crisis de asma	Miedo a quedarse solo
NATRUM MURIATICUM	Deshidratación	Problemas respiratorios	Tristeza, deseo de estar solo
THUYA	Flujo genital	Verrugas, fibromas, dispepsia	Melancolía obsesiva
PHOSPHORICUM ACIDUM	Diarrea indolora	Impotencia	Depresión en adolescentes
SEPIA	Dispepsia	Asma, ptosis	Melancolía, abulia
LACHESIS	Plétora, problemas venosos	Trastornos simpáticos, problemas vasomotores	Estado maníacodepresivo.

La consulta homeopática

Actualmente, la medicina está dividida en varias especialidades y redes que tratan los estados o las enfermedades por separado y, a veces, existen contradicciones entre una disciplina y otra. La gran **medicina interna**, gloria de tiempos pasados, con los recursos farmacológicos modernos, hubiera debido dar un contenido más rico al saber, porque la mirada se dirigía de abajo arriba..

Usted va al médico por un problema: molestia, dolor, inflamación... Este es el objetivo parcial del médico, interrogar a los tejidos, pero también debe elevarse hacia el hombre, hacia el portador, hacia el mensajero de la molestia, debe ir de lo particular a lo general.

Los problemas son agudos. El trastorno es simple, dura pocas horas o pocos días: intoxicación o sobrecarga alimentaria (ANTIMONIUM CRUDUM), indigestión prolongada (NUX VOMICA), náuseas después de una fiesta (IPECA), espasmofilia aguda (CUPRUM). Es el campo de las bajas diluciones (4 CH).

Los problemas son crónicos. Se eliminan los obstáculos en el trastorno digestivo del momento, motivo de la consulta. Se utilizan entonces diluciones moderadas o altas (7, 9 CH).

Pero, más allá del alivio, del diagnóstico y de la información, el homeópata tiene la obligación de buscar la llave de la cerradura, el remedio de la persona, y asegurarle el futuro gracias a la prevención de sus problemas de salud. «Tener ganas de hacer cosas que no se hacían antes» es la clave de una evolución favorable. Se borran los síntomas más antiguos, incluso los que ni siquiera el médico sabía.

El médico homeopático trata de descifrar las raíces de la enfermedad, pero también se interroga sobre todo lo que hace referencia a la persona, de lo particular a lo general, del síntoma banal a lo más singular. En general, la medicina desestima estos signos porque son difíciles de descifrar.

Todos los signos personales tienen su importancia: no soportar el cuello de la camisa o el tabaco, transpirar por el labio superior o solamente por la cabeza, hablar dormido, tener miedo de hablar en público, olvidar las palabras al escribir, dejar caer los objetos, mantener una luz encendida o la puerta abierta cuando se duerme, buscar el sitio fresco de la cama, etcétera. Todas las personas experimentan una sensación molesta de sufrimiento en un momento u otro, al despertar, por ejemplo, o bien después de las comidas. Las aversiones alimentarias tienen más valor que los deseos, a menudo culturales o simbólicos, de transferencia psicológica.

La homeopatía explora de manera precisa las circunstancias de la enfermedad y el paso de la salud a la enfermedad de manera precisa: una operación de la que uno no se recupera (CHINA); una humillación a la que se da vueltas (STAPHYSAGRIA); un estado de cólera (COLOCYNTHIS); un duelo que no termina de realizarse (ARNICA, IGNATIA); una intoxicación alimentaria (NUX VOMICA, ARSENICUM ALBUM) o una intolerancia a las ostras (LYCOPODIUM).

Los factores de agravación o mejoría son igualmente significativos: sentirse mejor al llorar, peor al ser consolado, solo o en compañía.

No descuide ningún detalle, anote bien todos los síntomas y cuénteselos al médico. Dígase que si duerme con los pies fuera de la cama, por ejemplo, sin duda forma parte de un grupo de varios millones de personas en el mundo. La homeopatía, medicina global y personalizada, tiene en cuenta todos los parámetros que caracterizan al paciente: herencia, pasado, comportamiento presente, etcétera.

Durante un tratamiento homeopático bien llevado, desaparecen los síntomas más antiguos, incluso los que no han sido comunicados al médico.

La medicina homeopática

El remedio homeopático está inscrito en el *Codex* desde 1961 y en Francia, Alemania y Gran Bretaña está cubierto por la Seguridad Social.

Consideremos un tratamiento homeopático de tres meses: cuesta tres veces menos que un tratamiento alopático para curar la misma enfermedad. Esto debería alertar a los economistas del poder gubernamental; sin embargo, sólo sirve para encerrar esta medicina en un gueto, como si la pirámide del poder médico no tolerara más que un saber único, despreciando todos los demás. En cuanto al estatus y la dignidad del médico, es la tormenta, el acoso, el doble castigo de la Seguridad Social y del Colegio de Médicos francés... Que a un médico homeopático se le ocurra curar una esclerosis en placas... ¡ya verá cómo se convierte en sospechoso!

Este libro transmite mis 40 años de experiencia, con los fracasos, los errores y las alegrías que confiere la investigación cotidiana; permite al médico homeópata mirarse al espejo con dignidad porque no ha dañado a sus semejantes.

Esta obra propone algunos remedios de acceso fácil, algunas «recetas del chef» que ha perfeccionado su arte personal sin renunciar a la humildad ni a la búsqueda permanente.

Comprender la digestión

He aquí algunas nociones generales sobre los complejos fenómenos de la digestión que permiten comprender mejor la continuación de este libro.

La digestión es el acto esencial de la absorción y la transformación de los alimentos. ¡Sigue siendo una operación sutil y misteriosa para mucha gente! Los alimentos poseen una energía que todavía no hemos aprendido a liberar y a utilizar.

De la boca al ano, el tubo digestivo mide unos diez metros. Este tubo, retorcido y enrollado sobre sí mismo, está cubierto por una fina membrana que se adhiere a los múltiples pliegues del peritoneo. Las funciones digestivas se realizan en cuatro etapas sucesivas, de la boca al intestino grueso, pasando por el estómago y el intestino delgado.

Todo comienza en la boca

Antes de enviar la comida al estómago, se mastica. La boca es como una pequeña cocina donde se preparan los alimentos: se cortan, se cocinan y se sazonan con un poco de aceite, es decir, de saliva. Existen glándulas que se ocupan de realizar este trabajo.

> *Por eso, se aconseja masticar largo rato la comida hasta dejarla casi líquida. De lo contrario, no está bien preparada, el organismo no puede asimilarla y se producen residuos. El cuerpo se ve obligado a gastar mucha más energía para transformarla, y ésta es la fuente de muchos problemas.*

La salud del sistema nervioso depende del trabajo que se realiza en la boca. Si usted quiere tener una reserva inagotable de energía nerviosa, si quiere dominar su cuerpo físico, sus emociones y sus sentimientos, mastique suave, lenta, concientemente y con amor. Haga la prueba y verá como aumenta considerablemente la energía de su sistema nervioso.

La mayoría de la gente come rápidamente, traga sin masticar y luego se pasa el día agitada y nerviosa. La educación de las personas pasa por una nutrición consciente y sensata. «Quien respeta las leyes de la nutrición se sentirá tranquilo y obtendrá el dominio, el control y la paz» (*Harmonie et Santé*, Omraam Mikhaël Aïvanhov, ediciones Prosveta).

La saliva proviene de **tres pares de glándulas**: las submaxilares, las parótidas y las sublinguales.

La masticación es el primer acto olvidado de la digestión: permite un primer ataque al almidón, contenido en las féculas, gracias a una enzima de la saliva, la *tialina*. La masticación y la insalivación preparan la deglución. La expresión italiana *al dente* califica tanto el sabor como la función de la tialina sobre los almidones cocidos de las pastas alimenticias.

Tener estómago

El estómago retiene los alimentos durante varias horas, los amasa y los reduce, antes de enviarlos por el píloro al *sifón duodenal* (donde comienza el intestino delgado). El píloro, puerta de salida del estómago, deja pasar poco a poco el contenido gástrico, que se dirige hacia el duodeno.

Tener un buen estómago es uno de los signos de la longevidad; es la imagen del rotor, este poderoso elemento de un aparato electrodoméstico. Una serie de contracciones tónicas recorren el estómago desde su entrada: del *cardias* (parte superior del estómago) al *píloro*, su salida.

En el estómago, la carne se deshace y sus fibras musculares quedan al desnudo. La leche se transforma en finos grumos de caseína. Todas estas operaciones se realizan bajo la influencia de estímulos visuales y gustativos. El estómago segrega pepsina (enzima digestiva) y ácido clorhídrico. Estas dos sustancias atacan y degradan las proteínas (carnes, pescados, etc.), y un espeso moco protege al estómago de su propia erosión. Desdichadamente, la secreción puede disminuir, especialmente bajo la influencia de ciertos medicamentos, como los antiinflamatorios.

También en este caso, el estómago está íntimamente ligado a la personalidad por la abundancia de espasmos que le provoca la vida emocional (precipitación o atonía), que, a veces, produce espectaculares trastornos en los grandes ataques de espasmofilia.

La emoción, la angustia, la ingestión de café o de alcohol más allá de los límites razonables aumentan esta motricidad gástrica.

Un exceso de acidez se traducirá por espasmos o ardores. El estómago mejora a veces comiendo. La adrenalina psíquica provoca agresividad e impulsividad.

Un estómago pobre en jugos gástricos produce pesadez y dificultad de concentración, con molestias respiratorias y palpitaciones: se cae en la somnolencia.

La alquimia del intestino delgado

Aquí se encuentran los elementos esenciales de la digestión. Prótidos, glúcidos y grasas tropiezan con los fermentos activos capaces de llevarlos a un estado favorable para la absorción.

La selección entre asimilable y no asimilable, el filtro de la energía activa y el rechazo de los desechos se lleva a cabo en la «aduana» intestinal. La bilis, el jugo pancreático y el jugo intestinal se encuentran, para transformar sobre todo las grasas y acabar la digestión de los azúcares, iniciada en la etapa de salivación.

La superficie de absorción del intestino delgado es considerable (43 m^2), así como su extensión (6 m). Los productos asimilables se dirigen entonces al hígado.

Para terminar, el intestino grueso

Asegura la reabsorción del agua para constituir las materias fecales y almacenarlas. La travesía de los alimentos por el colon dura alrededor de 16 horas; pero la rapidez varía de un sujeto a otro: algunos tienen un tránsito tan lento como un tren de mercancías, con todos los riesgos de intoxicación que producen las estancias prolongadas.

El colon excreta hierro, ácido fosfórico, calcio y magnesio.

• En la parte derecha del colon tiene lugar la etapa de **fermentación** acompañada de diarrea ácida, escozor anal y repercusión sobre la nutrición, así como la instauración de un estado nervioso en el sentido asténico o depresivo.
• La parte izquierda es el sitio de la **putrefacción**. En el colon, viven millares de bacilos (*colibacilos*). El equilibrio microbiano se mantiene, aunque su ruptura es fácil, y *Candida albicans*, filamento micelar responsable del muguet, puede pasar del papel pasivo al militantismo activo a causa de los antibióticos de amplio espectro que perturban la flora intestinal. Este hongo se ha introducido en la flora.

El colon es el basurero, el evacuador, nos evita la obstrucción, el atascamiento, pero la velocidad de paso no es la misma para todos. En la medicina energética china, se asocian a menudo el colon y el pulmón. Si la alimentación es demasiado rica en grasas, se acumulan depósitos lipídicos en las células pulmonares y originan los problemas catarrales (mucosidad) benignos o graves. NUX VOMICA, este impenitente consumidor, este rey de las mezclas glúcido-lípido-proteicas ¿no es además, por su sobrecarga digestiva, el primer remedio del catarro o del «goteo nasal»?

La búsqueda de la verdad en los virus y en los microbios es otra. Con la rapidez de un ciempiés, la retención puede tener graves consecuencias para la función de limpieza, y las intoxicaciones crónicas de un medio lento perturbarán la vitalidad.

Carencias y excesos

La ingesta insuficiente de proteínas hace adelgazar, provoca fatiga, dificultades de concentración y de memoria. Si se ingieren proteínas en exceso, la sangre y las células se cargan de ácido úrico. El hígado y los riñones se alteran poco a poco.

Curiosamente, el exceso cuesta caro, porque estos alimentos (carnes, quesos), por lo general, son también los más caros.

La insuficiencia de *hidratos de carbono* (azúcares lentos de harinas y féculas) hace perder tono y resistencia frente al esfuerzo físico. Estos componentes son necesarios continuamente para la energía cotidiana; la hipoglicemia es frecuente, con síntomas de malestar antes de las comidas, mejoría durante las comidas y retorno a la debilidad después de las mismas.

Con un exceso de hidratos de carbono, se corre el riesgo de obesidad, de fermentaciones intestinales y producción de gases. La actividad intelectual se hace pesada y se ralentiza. El individuo se vuelve más lento y linfático. Esta tendencia a la obesidad debe prevenirse en la infancia.

Es cierto que los lípidos proporcionan calorías; pero fabrican rápidamente depósitos y tienden a retener las sustancias tóxicas. Provocan fenómenos de catarro respiratorio para favorecer la eliminación.

El colesterol abunda en la yema del huevo, los mariscos y los menudillos. En exceso, forma placas de arterosclerosis (depósitos de grasa), similares a las placas de hielo en las carreteras, y, en nuestras propias arterias, provoca un riesgo de hipertensión y problemas cardíacos.

La alquimia en el laboratorio del hígado

El hígado es el órgano de la bioquímica del cuerpo. Funciona coordinado con el páncreas, que controla los azúcares (su deficiencia produce diabetes), y la vesícula biliar, donde se almacena la bilis segregada por el hígado. El hígado almacena la glucosa en forma de glucógeno y sintetiza algunas proteínas, como la albúmina y los factores de la coagulación sanguínea, a partir de aminoácidos aportados por la alimentación.

De hecho, el hígado es una fábrica química, que permite al mismo tiempo el almacenamiento y la distribución de los nutrientes procedentes del intestino después de haberlos extraído, en cierta manera, de los alimentos.

El hígado almacena también las proteínas liposolubles (solubles en los cuerpos grasos) y es, evidentemente, el órgano de desintoxicación del organismo, porque elimina constantemente los desechos, especialmente el amoníaco, que transforma en urea. Esto explica los problemas que se producen a veces durante el ayuno, porque se exige demasiado del hígado.

La bilis es indispensable para el trabajo del intestino delgado. Permite la emulsión de las grasas, es decir, la digestión de las gruesas gotitas que llegan de los alimentos por millones.

La bilis contiene un pigmento biliar, la bilirubina, que da a las heces su color marrón. Esto explica que, en caso de insuficiencia hepática, las heces se vuelvan muy pálidas.

La vesícula biliar, una especie de bolsa que desemboca en el intestino delgado por un canal, a veces puede sufrir un espasmo, a causa, por ejemplo, de una emoción fuerte (encontramos en este sentido el término «bilioso»), y atascarse porque no puede enviar correcta y regularmente la bilis. También puede carecer de fuerza para enviar la bilis, con el resultado de obstrucción y problemas intestinales, especialmente de estreñimiento.

Cómo utilizar este libro

En este libro puede encontrar el sentido y la clave de sus molestias: dolor, ardor, hiperacidez, espasmos, vómitos, susceptibilidad biliar, flatulencia, pesadez digestiva y psíquica y, sobre todo, el vasto campo de las colopatías, cuyo aspecto psicosomático se asocia al nutricional, siempre dependiendo de la cultura (las costumbres de la infancia) y de los errores en las combinaciones alimentarias, aberrantes o excesivas. No hay un único psiquismo responsable. Hay causas (antígenos, mezclas alimentarias), un terreno (la herencia) y el psiquismo: es el botón de la radio que amplifica la información.

Aquí aprenderá que NUX VOMICA en baja dilución es el principal remedio de las comidas festivas. Las mezclas tienen cada vez más relación con las alergias alimentarias: arenques con patatas, *quiche lorraine*, embutidos, patatas fritas, quesos fermentados, entremeses con crema chantilly... Shelton escribía que, en estos casos, hay que conseguir una cápsula de vitamina B, bicarbonato sódico y la dirección de un médico experto en la prevención de los problemas artríticos y otras enfermedades degenerativas.

De la simple amenaza verbal a los guantes de boxeo, en NUX VOMICA se encuentra la autoridad del líder, la impaciencia y la intolerancia ante cualquier contradicción. Con el medicamento en alta dilución, se aliviarán no sólo los problemas digestivos, sino también el humor, lo cual será agradablemente percibido por el entorno.

A los síntomas, corresponden remedios de apoyo, pero la mirada de la persona que domina el arte es indispensable para no caer en una automedicación fácil, forzosamente superficial.

No deje de leer el capítulo «La vida en retratos» donde encontrará su carácter o el de sus conocidos. Busque puntos de referencia y no recetas, descifre la identidad del amigo que es su propio cuerpo. Conviértalo en aliado mediante una observación atenta y no obsesiva.

Algunos consejos y referencias le ayudarán a mejorar su higiene de vida. Encontrará algunas terapias naturales: *oligoterapia* (tratamiento mediante minerales y vitaminas), *fitoterapia* (terapia con plantas) y, sobre todo, consejos dietéticos.

En cuanto a los términos médicos, están impresos en *cursiva* y explicados, y podrá encontrarlos en un glosario al final del libro.

También encontrará un índice de medicamentos con su origen (mineral, vegetal o animal) y el índice de los síntomas y las enfermedades.

A cada uno, su manera de comer

La medicina homeopática, en su acercamiento al paciente, va de lo general a lo particular. Para conocer mejor sus tendencias hacia una u otra enfermedad, el médico homeópata primero determina la *constitución*. La constitución es el armazón del cuerpo que, junto con sus predisposiciones hereditarias, da lugar a ciertas enfermedades. Para afinar mejor este enfoque, el homeópata tratará luego de definir el *temperamento*, o sea la actitud ante la vida.

Constituciones, el armazón

Existen tres tipos familiares en homeopatía: el **carbónico**, el **fosfórico** y el **fluórico**. Estos tipos o constituciones representan tres grandes familias, con sus predisposiciones hereditarias y su patología previsible.

Los carbónicos, sólidos y lentos

De manera general y a lo largo de toda su vida, son sujetos fornidos, bajos, con un desarrollo marcado en anchura, un esqueleto denso y articulaciones rígidas. Esta construcción un poco romana tiene como divisa «el tiempo, el orden y la duración». Son los guardianes de las murallas de la civilización. Aman la tierra, las flores y los animales.

Padecen sobrepeso desde siempre. Pueden bajar su ración calórica de 1.400 a 800 calorías, pero su imagen apenas se modificará. Son lentos, robustos y resistentes, nunca se dan por vencidos, a pesar de las situaciones más desfavorables, pero están amenazados por dos peligros: la esclerosis y la lentitud.

Estos terráqueos, con los pies en el suelo, han adoptado una gran regularidad en su vida profesional, social y sexual, con la precisión de un reloj. Les importa mucho la puntualidad, tanto en el trabajo como en el marco de sus relaciones personales. Ya sean obreros, contramaestres, ingenieros o ejecutivos, todos tienen la obsesión de hacer bien las cosas. Cada cosa en su sitio y un sitio para cada cosa. Tienen un gran respeto por los instrumentos con los que trabajan. En sus casas, hay fundas en los sillones, su taller brilla de limpieza, y se sienten orgullosos de ello. Los papeles importantes, los talonarios y los documentos están ordenados con un raro sentido de la organización y la economía. Este cuidado, esta precisión, los vuelve eficaces a pesar de su lentitud.

Los carbónicos no son expansivos, se les reprocha a menudo que hablan poco o que controlan demasiado sus sentimientos. Si bien no se lanzan a las perífrasis ni a los grandes discursos, son seres muy sensibles. Visitan al médico o al masajista con una regularidad ejemplar. En 37 años de vida activa, un carbónico sólo habrá estado de baja unos diez días, gracias a su resistencia.

Los carbónicos son fuertes, pero también prudentes y metódicos. Conducen su coche con precisión, envolviendo a sus pasajeros en un sentimiento de seguridad que puede llevarlos a adormecerse.

El hombre carbónico está enamorado de su coche y lo cuida con mimo. Apasionado por la técnica automovilística, sabe apreciar un motor. Le gusta tanto la mecánica como el bricolaje del domingo o la jardinería. Sin embargo, este hombre paciente corre el riesgo de sufrir esclerosis al envejecer. A veces, se adormece delante de la televisión, tiene problemas con la memoria reciente, se ofende con la libertad de las costumbres y se involucra en las reivindicaciones de una derecha conservadora o de una izquierda sindicalista. Durante la jubilación, se dedica a la petanca, la pesca o el coleccionismo. Cede con facilidad a la gula, engorda y se vuelve pesado. No es un gran deportista y, en las playas, se lo verá leyendo una revista gastronómica.

La mujer carbónica también engorda, y se sorprende de engordar comiendo tan poco. Su cintura se modifica, aparece la papada, su sujetador aumenta de tamaño y comienza a vestirse con «tallas grandes». Habla a menudo de regímenes sin seguir ninguno. Siempre evoca la retención de líquidos, olvidando un poco las hormonas que se le han administrado durante la menopausia. Sin embargo, no pierde su buen humor ni su optimismo, y convertirse en abuela la hace feliz. Con la edad, la sexualidad de las carbónicas comienza a adormecerse, y, en las mujeres, los sofocos se convierten en incendios forestales.

Estos carbónicos tranquilos podrían remediar estos inconvenientes practicando algunos ejercicios, si su gula no triunfara sobre el esfuerzo físico.

Un carbónico digiere mal y lentamente; la fermentación, asociada a los espasmos, reduce su apetito, le produce un gusto ácido en la boca y a veces aftas bucales. Se instala un estreñimiento espasmódico de sedentario, a menudo con accesos de diarrea. Es la imagen y el perfil del conservador nato. Los pies están fríos, la cabeza transpira y teme los ataques del invierno.

El frío y la humedad son viejos enemigos, los pies tardan mucho en calentarse, incluso bajo las mantas. Sufre enfriamientos y bronquitis crónicas. Sus enfermedades o factores de riesgo aumentan con la edad: el peso, la rigidez, la hipertensión y el colesterol. Se desliza hacia la lentitud y la somnolencia, hacia una cierta inhibición. La papada ya está bien instalada.

Además, tarda en adquirir la sabiduría alimentaria y por eso se hunde en la esclerosis vascular; los vasos sanguíneos se obstruyen, las facultades mentales se reducen, se olvidan algunos nombres, los objetos más familiares, las lecturas recientes. No termina nada de lo que emprende.

No olvide nunca que, si come sin límites, conocerá los riesgos de la desidia incontrolada, la artrosis, la esclerosis, la angina de pecho, los ataques cardíacos, la hipertensión y otros problemas que la vida ha inventado aunque sólo sea para contrariarlo seriamente.

Este metódico ordenado y pertinaz, se vuelve dubitativo y un poco esclavo de sus costumbres. Debe imperativamente dominar sus instintos y aprender a levantarse de la mesa con una pizca de hambre.

Puede consumir carne si lo desea, pero, en este caso, reduzca el consumo de pan, harinas, patatas, pastas, etcétera. No van con usted. Opte por las frutas y las verduras, sin abusar, para evitar la hinchazón. Reduzca el consumo de sal a un máximo diario de 5 g, y su envoltura física será más seductora. Si retiene líquidos, no se queje al médico. Esta agua «fijada» no puede eliminarse por la vejiga y se instala en su destino corporal.

Durante la jubilación, el carbónico debe perder 500 gramos al año, para poder jugar con sus nietos y convertirse en un modelo de duración, estabilidad y longevidad. Como el carbono 14, que sirve para fechar los vestigios y los fósiles más antiguos, usted enterrará a todo el mundo. Las reglas de la longevidad de un carbónico son: tener un estómago a toda prueba, aceptar con una sonrisa las tareas desagradables y pasear sin problemas durante varias horas.

En general, los carbónicos sufren poco o tienen una débil consciencia de los males que afectan a su cuerpo: la artrosis o los problemas digestivos. Las señales de la enfermedad tardan en instalarse, y pueden pasar muchos años antes de la primera manifestación.

La artrosis de cadera es bien soportada durante mucho tiempo; una vesícula con arenilla o cálculos nunca ha modificado sus hábitos alimenticios. Da la impresión de atravesar el tiempo sin desfallecer.

El gran remedio de fondo del carbónico, es decir, el remedio que corresponde a este ser humano, a esta constitución, es CALCAREA CARBONICA.

Los fosfóricos, emotivos

Los fosfóricos son esbeltos, crecen elegantemente en altura. Estos jóvenes adolescentes son nerviosos, sensibles, emotivos y artistas. Estos entusiastas pueden convertirse en soñadores distraídos o en deprimidos profundos. El cansancio, la desmotivación y el fracaso pueden hacerles caer en la depresión. La impresión de abandono, el sentimiento de fracaso, el cuestionamiento y las dudas sobre sí mismos, se apoderan de ellos.

Estos emotivos apasionados, con fértil imaginación, son capaces de lo mejor y de lo peor. La mirada de estos longilíneos se vuelve hacia un ideal elevado. Si pierden la dirección de la mirada hacia el cielo, se hunden hasta sus pies, es decir, caen en la depresión.

«La familia magnífica y lamentable de los nerviosos es la sal de la tierra. Son ellos y no otros quienes fundaron las religiones y compusieron las obras de arte», escribió Marcel Proust.

La excitabilidad alterna con la fatiga y el entusiasmo. Son hipersensibles, pero además pierden muy fácilmente las sales minerales: sufren de *espasmofilia*. El hígado es frágil y sus problemas digestivos les impiden cualquier exceso.

De manera general, el fosfórico es hipersensible al dolor. A menudo, se marginalizan y su comportamiento arde como paja (llamarada brillante pero efímera, como la de un fósforo).

Una depresión larvada puede acompañarlos durante toda su vida. Durante la infancia, un duelo, la indiferencia de un maestro o la ausencia de motivación lo hizo deslizar en el pozo de la desesperanza. Como ser creativo, tras una hermosa obra, el artista o el músico se hunden en un silencio de diez años y un alejamiento patético de la realidad.

Los fosfóricos, naturalmente elegantes, se vuelven hacia el romanticismo porque poseen el sentido de la belleza y de la estética, y, frente al espejo, van en busca del menor signo de degradación de su cuerpo. Su punto débil sigue siendo el sistema nervioso y, por lo tanto, pueden sufrir trastornos mentales.

Con la edad, la energía vital se debilita y los problemas digestivos se vuelven crónicos. Los problemas cardíacos implican una obsesión por la degradación física, y por una vida decadente. La vida es una dura carga para ellos.

La mujer fosfórica padece la obsesión estética del envejecimiento. Soporta mal el espejo y frecuenta los institutos de belleza. Si el presupuesto de la carbónica tiende hacia la comodidad y hacia el gusto por la decoración material, el de la fosfórica está consagrado a los cuidados y a los productos de belleza. De manera general, la motivación y la persecución del ideal de belleza son el oxígeno de estos seres de inteligencia voluble. Una orientación hacia el arte, los museos, la vida interior, la escritura y las grandes corrientes del humanismo los salvan de la caída material que se puede percibir en los carbónicos. Un noble altruismo los habita y los orienta hacia organizaciones como Greenpeace o Médicos sin Fronteras.

El hombre fosfórico está sujeto a la depresión. Él también se preocupa, aunque en menor grado, por su aspecto físico. Tiene miedo de la degradación física, aunque no siempre la combate porque puede verse atraído por ciertos paraísos artificiales. Siempre buscando la belleza, es un artista amargado y desencantado, como atestigua su cuerpo delgado, desmineralizado y su actitud un tanto encorvada. Pero siempre conserva su encanto de eterno joven, inteligente y brillante por momentos, enamorado de la eternidad o del arte.

Dado que los fosfóricos gozan de un temperamento artístico, tienen la suerte de poder nutrirse de arte hasta el final de sus vidas, en caso que hayan creado una armonía en este campo. El siglo XX ha permitido acceder a la tercera edad eliminando la plaga que mataba a los jóvenes: la tuberculosis. Las tendencias depresivas acompañan a menudo al sentido de la belleza.

El medicamento representativo de los fosfóricos es, por supuesto, PHOSPHORUS.

> *Para que un fosfórico esté en forma, tiene que estar asociado a grandes proyectos. Su fatiga se evapora; de lo contrario, puede hundirse en la indiferencia y en la inercia de una autodestrucción aceptada.*

Los fluóricos, flexibles e inestables

Su desarrollo está marcado por la flexibilidad y la elasticidad de los tejidos y los ligamentos. Arrastran a lo largo de toda su vida una inestabilidad física y psíquica tanto profesional como afectiva o social.

El esmalte de sus dientes es frágil como el cristal, y sus dientes pueden superponerse, lo que los obliga a llevar aparatos de ortodoncia. Los fluóricos están sujetos a la *esclerosis*, es decir al enquistamiento, al endurecimiento de los tejidos. Se sostienen mal, nunca están bien sentados y a menudo se tuercen los tobillos. Esta elasticidad tiene su equivalente en el plano mental: flexibilidad, versatibilidad e inestabilidad.

En la adolescencia, los fluóricos tienen una silueta ósea anormalmente flexible. La inteligencia es precoz pero inestable, con una pizca de perversidad. Abandonan pronto lo que aman, necesitan agitación en cualquier momento; son enemigos del orden y de la estabilidad.

No han brillado en matemáticas. Les cuesta aceptar un razonamiento abstracto. En la infancia, les han puesto gafas correctoras y recetado ejercicios oculares. El ortofonista se ha ocupado de enseñarles a articular y a expresarse. Las prótesis dentales han sido más costosas que para los fosfóricos: movimientos anormales de los maxilares y prótesis complicadas, siempre con esta laxitud ligamentosa que los hace inestables o huraños. Por esta razón, el médico se inclina rápidamente por la prescripción de un tranquilizante frente a esta perturbación de la personalidad.

La hiperlaxitud ligamentaria provoca también una actitud inestable, a la que le gusta la paradoja, el rechazo del orden, la necesidad de cambiar de lugar, de situación e incluso de compañero. Les complacen los pequeños delitos, tienen bandas organizadas de las que, a menudo, son los jefes.

Han conocido seis colegios, doce empleos y dieciocho amantes. Viven más de noche que de día. Se agitan, infatigables, hasta las tres de la mañana, una hora en la que los carbónicos duermen profundamente. Al final de la noche, se los encuentra en las discotecas, en medio de un ritmo endiablado.

Los adultos fluóricos detestan las obligaciones, lo cual transforma su vida en un desorden organizado, con esa inestabilidad y esa necesidad de cambio que les hace alternar actos geniales con fracasos espantosos. Consiguen llegar tarde a las citas —si no las han olvidado por completo— y son los campeones de sustituir rápidamente unos proyectos por otros.

La película de su vida es un caleidoscopio o bien un melodrama perpetuo. Seducidos por distintas carreras, se aburren en cuanto han alcanzado cierto éxito, aguijoneados por el deseo de cambio, de irse a vivir lejos (a veces, a una caravana). Sueñan con un viaje al Tíbet, con bañarse en un río de peces carnívoros, con conocer las islas Galápagos, o vivir en una barcaza en Terranova.

Son charlatanes o conversadores brillantes y dan a la agitación de la mente un tinte de inteligencia excepcional. Son genios del marketing, jóvenes diplomados de las *start-up* y de las nuevas tecnologías pero necesitarán el sólido marco de los carbónicos para no arruinar la empresa en tres días.

En el plano óseo, los dolores de la columna se deben a la laxitud de los ligamentos. El calcio se desplaza de los huesos hacia las arterias, que se impregnan, se endurecen y se vuelven visibles en las radiografías; son la clave de su hipertensión. Estos problemas de inestabilidad psíquica, con el miedo a carecer de dinero y la fobia a los microbios, pueden desembocar en actitudes paranoicas, problemas obsesivos de comportamiento o singulares alternancias de excitación y depresión.

El hombre fluórico tiene, sin duda, una personalidad de combate, un poco inestable, con un gusto indiscutible por la especulación. La mente se inflama, devora y puede convertirse en destructor para sus amigos. La exaltación, la desmesura y el activismo lo llevan hacia el alcohol. Su carácter imprevisible e irracional necesita moverse y poseer. Y, a menudo, esta exigencia de «todo y de inmediato» lo lleva a la impaciencia y le provoca una «llegada desordenada».

La mujer fluórica es flexible, más bien delgada, desordenada y liosa. Cuando habla con sus amigos, pasa de un tema a otro. Si decide ir al cine, terminará arrastrando a todo el mundo a un restaurante. Puede parecer aguda y espontánea, porque busca la admiración de las masas o de su círculo de amigos, pero su inestabilidad termina por cansar. Su humor no siempre es cómodo, y se irrita sin razón. Generalmente, se ha divorciado al menos una vez y ha sufrido al menos una depresión. Es la clienta soñada de cualquier facultativo, porque se queja sin cesar de un dolor o de una enfermedad incomprensibles para el cuerpo médico.

En resumen, el fluórico es capaz de lo mejor y de lo peor. Es el compositor iluminado, genial o frustrado que, tras el fracaso, se hunde en el alcohol y en la autodestrucción. Le encanta darse al espectáculo, necesita ser admirado y ejerce una carrera artística. No soporta el dolor ni la enfermedad, a la que tiene un miedo excesivo.

En la tercera edad, el fluórico puede padecer cierta ciclotimia, una inestabilidad del humor que roza la autodestrucción y que lo conducirá con facilidad a un abuso de medicamentos antidepresivos tras haber consultado a muchos médicos.

El fluórico lo hace todo deprisa, incluso la muerte lo alcanza en plena actividad y sorprende a todo el mundo. Es mejor así, porque no soportaría una larga y dolorosa agonía. El drama vascular y el accidente durante un viaje son frecuentes para él. El instinto es característico en el comportamiento del fluórico.

Es notable constatar que los remedios claves del fluórico son los metales preciosos: la plata y el oro. La plata, ARGENTUM NITRICUM, es el gran devorador de espacio y tiempo. Es el tipo exacto del fluórico, que alía la precipitación y la inestabilidad con una tendencia a la huida hacia adelante.

Una cuestión de temperamento

Las estructuras constitucionales, nuestras casas o nuestro hábitat, son fijos, pero la vida se aprecia por su savia, como un motor por su energía. Los ardores de la vida son diferentes para cada armazón morfológica.

Se puede ver, a lo largo de una existencia, a un longilíneo, un fosfórico, engordar y adquirir a veces la obesidad del carbónico, incluso si persisten las características básicas. Es el *temperamento* que se muestra. La constitución representa la herencia de toda una vida. Frente al medio exterior, a las dificultades alimentarias y atmosféricas, el temperamento representa la evolución y la predominancia de una función: la sangre, la bilis, la linfa o el sistema nervioso.

Existen cuatro temperamentos tipo, cuatro grupos de estructuras:

Los **linfáticos**, digestivos más bien indolentes.
Los **respiratorios**, sanguíneos, coléricos, impacientes.
Los **biliosos**, más bien crispados y susceptibles.
Los **nerviosos**, interiorizados y solitarios.

Linfáticos, indolentes

Las manos están frías y húmedas (FH), el sueño es profundo, los movimientos son lentos y económicos, y su calma los hace parecer un poco indolentes y perezosos. Temen al frío en todas sus formas.

Su ritmo es lento pero eficaz, aunque no saben emprender varias actividades a la vez. Su tiempo de trabajo se vuelve agradable si consagran cada día una hora a su deporte favorito: soñar, escribir, pensar, componer, a veces meditar. En invierno, se dice que hibernan. La nostalgia parece llevarlos hacia el pasado. Su aumento de peso no es proporcional a las calorías que consumen sino que tiene sus raíces en la absorción lenta y regular de hidratos de carbono en la infancia. Los ginecólogos deberían abstenerse de prescripciones hormonales que alteran brutalmente su imagen del cuerpo (las mujeres pueden aumentar hasta 4 kilos el primer mes de embarazo).

Evidentemente, se puede pensar en el carbónico frente a estos signos de dejadez, que se concretan en un abdomen prominente y un ritmo biológico lento. El apetito no disminuye. El hígado está congestionado, lo que predispone a la somnolencia después de la comida del mediodía.

Aparece la pesadez digestiva que puede provocar aerofagia y malestar, flatulencia y estreñimiento por atonía intestinal. La intoxicación y la tendencia hacia la materialidad pueden precipitarlos hacia el envejecimiento prematuro. Cuando están deprimidos, parecen un curso de agua lenta o un sistema hidráulico pobre o debilitado.

GRAPHITES representa bien a este temperamento.

Todos los ojos azules poseen una pizca de linfatismo. ¿Es usted lento, indolente, paciente, metódico, un poco pasivo, tímido, observador y con buena memoria? Necesita paz y calma, no es indiferente. Pero hay que respetar su ritmo de trabajo: como metódico que es, debe centrarse en un esfuerzo único y no dispersarse. Tranquilícese, es tan eficaz como los desordenados sanguíneos o los biliosos, porque usted es artista, músico o poeta.

Sanguíneos, impacientes

Las manos están calientes y húmedas (CH). Son calientes, vivos y sensuales, se expresan con calidez, reaccionan con violencia y adoran contar su vida con todos sus detalles más cotidianos. Están expuestos a los forúnculos, los abscesos o la congestión de órganos (pulmones), así como a las varices. Sudan abundantemente. Son valientes, combativos y adoran la vida al aire libre.

Son los campeones de la *adrenalina*, esta hormona de la cólera cuyas subidas exponen a riesgos vasculares. Tienen gran vitalidad, se creen irrompibles e inoxidables. Sin embargo, la violencia y la amenaza vascular están ahí, con su riesgo de dolor de cabeza, hipertensión, problemas cardíacos y molestias debidas al sol. Un poco de enfisema y una obstrucción arterial se instalan. ¡La máquina se vuelve pesada!

El sanguíneo transporta el oxígeno que necesita, el corazón se cansa, y corre el peligro de presentar accidentes en este órgano vital. Los efectos del estrés no existen cuando tienen la posibilidad de vivir al aire libre. Necesitan aire, oxígeno, movimiento. «Audacia, más audacia, siempre audacia» decía Danton. «Hay que aproximarse al rayo para controlarlo y dirigirlo», replicaba Lamartine. Creemos que tienen una salud espléndida, que están destinados a enterrar a los demás, y nos sorprendemos de su muerte inesperada. Los cirujanos anuncian intervenciones simples, rutinarias, pero las complicaciones y las reanimaciones se suceden.

¿Es usted sanguíneo? Necesita hacerse análisis de sangre cada año, porque, con el paso del tiempo, hay que controlar la tasa de colesterol, de glicemia y de triglicéridos. Consuma mucha fruta, limite los alimentos fuertes y las especias. Atención con la alcoholemia si conduce: pida la mitad de la botella en el restaurante. La posibilidad de perder el permiso de conducir lo acecha. La marcha y las estancias en la montaña le harán mucho bien.

El sanguíneo encuentra su ilustración en SULFUR, símbolo de Júpiter. Es el león, el rey de los animales, la figura emblemática, pletórica y radiante; el jefe admirado, respetado, líder de hombres, a la cabeza de proyectos que, por supuesto, se organizan alrededor de su propio interés: su satisfacción y la ejecución de sus planes gracias a los demás. Es un animador y un organizador sin igual.

La autoridad egoísta y dictatorial del verdadero jefe no piensa perder sus prerrogativas, sobre todo ante una juventud frente a la cual rivaliza sin cesar.

Puede tener la máscara majestuosa y serena del patriarca que ha instalado bajo sus pies los bienes materiales, objeto de su orgullo. Su generosidad se manifiesta sobre todo con su descendencia y provoca siempre un gran respeto. Habrá consagrado gran parte de su vida a la diversión y a la comida. Se distingue siempre por su verbo gracioso, sociable y rico. Sus palabras poseen una calidez agradable, y su optimismo es inagotable.

Si se lo acusa de estar gordo, responderá: «¡Soy apenas un poco robusto!». De su cuerpo despreciado en las playas dirá: «¡Sigo gustando, hay muchos otros menos seductores que yo!». A veces, es difícil atribuir los colores de su rostro a los vinos que ha sabido escoger con cuidado y que ha catado con placer. Colecciona en su bodega los mejores años. Este gourmet impenitente siempre ha despreciado el ayuno y los regímenes y la gota lo amenaza.

Se cansa y tiene dificultades para estar de pie. Las plantas de los pies y las palmas de las manos están hirviendo, la piel se vuelve malsana, seca y escamosa y, cuando se rasca, no hace más que aumentar el picor. El contacto con el agua fría agrava aún más la situación. La higiene corporal puede ser insuficiente, y el cuerpo desprende un fuerte olor.

Este ser positivo, práctico, enérgico, emprendedor, con buen sentido común, impulsivo, vivaz, amable, sociable, alegre y voluptuoso, necesita el cambio.

Es el animador y el sindicalista presente en los extremos de la vida política. Siempre se puede contar con él.

Biliosos, crispados

Las manos están calientes y secas (CS). Estos hiperexcitados de rápido ritmo biológico toparán con los problemas de bloqueo del aparato locomotor (ligamentos, músculos, tendones) y algunos problemas con los riñones por exceso de ácido úrico. Se despiertan más cansados que cuando se acostaron y tienen bajones durante el día (espasmofilia). Como su nombre indica, su aspecto es sombrío y severo, la mirada tiene el poder del águila. Los labios suelen estar apretados.

Los biliosos deliberan y luego ejecutan. Su vida interior está llena de conflictos, hay que multiplicar los esfuerzos, dirigir la lucha, mandar. Saben proyectarse hacia el futuro, los planes y los amplios horizontes. La agresividad está ahí, para vencer las dificultades.

Están de mal humor en cuanto aparece el cansancio; son sombríos, irritables, susceptibles, tienen la sensibilidad siempre a flor de piel. La adrenalina se ha instalado en ellos, y se lee la fatiga en sus rostros (tics de ansiedad, rasgos tensos); su ojo de águila siempre está vigilando el objetivo.

La fatiga o la debilidad los vuelve coléricos y autoritarios. El orgullo les impide aflojar, y la más mínima acción debe realizarse hasta el final. Algunos políticos han fracasado, en un pasado reciente, cuando su energía mental y la utilización intelectual se han mostrado inferiores a su talento de comunicadores.

Si usted es bilioso, para una mejor calidad de vida, modere el consumo de carne, huevos y productos lácteos. Evite los estimulantes que le impedirán dormir (café, té, bebidas azucaradas, quesos). Realice comidas breves y frecuentes. Las frutas en el desayuno serán para usted un verdadero depurativo. Camine por el bosque, corra, vaya en bicicleta. Luchar contra el espasmo es indispensable para el sistema nervioso y muscular.

Enérgico, trabajador, pertinaz, impetuoso y positivo, el bilioso ve el conjunto y desprecia el detalle. Es orgulloso, independiente, generoso y apasionado. Hay que guiarlo con firmeza, para suavizar su susceptibilidad y su orgullo. Evite todo rechazo.

LYCOPODIUM corresponde bien al temperamento nervioso.

Nerviosos, solitarios

Las manos están frías y secas (FS). El rostro triangular evoca la cerebralización y el sufrimiento aceptado de la vida interior. Los nerviosos son, en general, seres un poco fríos, intolerantes, analíticos, económicos en sus gestos, su energía y sobre todo, replegados sobre sí mismos. La imaginación es fértil, y viven dolorosamente los conflictos de sensibilidad; los dolores de cabeza se vuelven crónicos. Parecen cortados en una tela usada y muestran su edad antes que otros.

Aunque aumenten el consumo de tisanas, eviten el alcohol, el sexo y la buena mesa, su salud sigue siendo precaria. El sufrimiento de vivir se manifiesta en una cierta depresión melancólica.

Dan verdaderamente la impresión de soportarlo todo, pero su espíritu está invadido por ideas sombrías, malentendidos consigo mismos y con los demás. Cuando sufren, se encierran en su dolor. Por su vida interior están, por supuesto, en las antípodas de los activos sanguíneos. La pérdida de energía vital es evidente y se compensa con el refugio en el mundo del pensamiento, de las ideas y de lo imaginario, donde son inaccesibles.

Los problemas adquieren un carácter crónico en los síntomas, las noches son desesperadamente en blanco, los dolores de cabeza no tienen solución, y las novedades médicas no les surten efecto. Los nerviosos, si no hay una higiene de vida apropiada, se exponen a la consunción o a la esclerosis. La imagen de su envejecimiento sorprende.

Una imagen inversa y típica nos la proporciona el viejo sabio, con el cráneo desnudo, la espalda encorvada, los ojos brillantes de inteligencia y, a veces, de malicia. Los sanguíneos queman las velas por los dos cabos. Los nerviosos tienen un contrato de pesada supervivencia con el tiempo.

Si usted es nervioso, le aconsejamos una alimentación variada y dulce, con predominio vegetariano y comidas frecuentes. Beba mucho, pero excluya alcoholes y excitantes como el café, el té, etcétera. Camine en solitario.

> *Las estancias en el campo le harán mucho bien. No desespere, incluso si la Medicina (con M mayúscula) o la Sociedad (con S mayúscula) lo decepcionan. Acepte y adáptese a un mundo un poco injusto y hostil.*

Hipersensibles, intuitivos, impresionables, impulsivos e imaginativos, los nerviosos están bien representados por PHOSPHORUS.

La vida en retratos

ANACARDIUM ORIENTALE ¿Amor u odio?	NUX VOMICA El jefe que dispara
ANTIMONIUM CRUDUM El sibarita enfadado	PHOSPHORUS El refinado
ARGENTUM NITRICUM El apresurado	PULSATILLA ¡Cuántas lágrimas!
IGNATIA La afectividad	SEPIA El melancólico
LYCOPODIUM El bilioso misántropo	SULFUR El sociable
NATRUM MURIATICUM El solitario	THUYA El obsesivo

Los medicamentos homeopáticos mayores, llamados policrestos, poseen rasgos fuertes, físicos y psíquicos, verdaderas claves de la enfermedad y del destino, contraimagen de lo vivo. Le permitirán acceder a un mejor conocimiento de sí mismo.

Con ellos, la digestión y la asimilación plantean problemas, pero es posible evolucionar, no se tiene un solo destino medicamentoso a lo largo de toda la vida, y esta evolución es rica en relieves y en complejidades. Solamente un médico homeópata experimentado sabrá distinguir matices y perfil y, sobre todo, escoger el ajuste terapéutico más apropiado.

ANACARDIUM ORIENTALE, ¿amor u odio?

Situación mágica: ¡todos los conflictos digestivos, de comportamiento y psíquicos se solucionan comiendo!

ANACARDIUM ORIENTALE ya era impulsivo de niño, con manifestaciones contradictorias. Se decía de él que tenía un ángel en el hombro derecho y un diablo en el izquierdo.

«Buen chico», decía de él el maestro, «muestra excelentes intenciones hacia sus compañeros pero, sin embargo, está inclinado a hacer daño». Lamenta sus accesos de cólera, pero siempre vuelve a empezar.

Es indeciso, dubitativo, está cansado en el plano intelectual y tiene poca memoria. Pero todo se soluciona comiendo: la tensión nerviosa desaparece con el movimiento de los maxilares. No lo olvide nunca: «ANACARDIUM pierde el mal humor cuando se sienta a la mesa».

ANACARDIUM ORIENTALE es conocido por sus síntomas mentales por saturación. Su pérdida de memoria, su carácter excesivo y extraño le impiden aprender algo tres días antes del examen. ANACARDIUM ORIENTALE volverá al estudio con una dosis de su medicamento, mucho mejor que con extractos de lecitina.

ANACARDIUM ORIENTALE es el remedio para la anorexia mental con las dos caras de una moneda (bulimia en la infancia y anorexia por rechazo existencial). La bulimia coexiste con la competición intelectual y con frecuencia con una agresividad marcada con respecto a la madre. Uno se separa del mundo sin confianza en sí mismo, desesperado por no poder cumplir con lo que se espera de él.

Cuando llegue a adulto, ANACARDIUM ORIENTALE puede ser desconfiado, grosero y furibundo. Parece estar en conflicto entre dos tendencias: ser amable o volverse malvado y perseguir a los demás. Su estilo: la injuria, la palabra que hiere con una evidente insolencia, que puede llegar hasta el cinismo. Es ansioso y está habitado por pulsiones contradictorias: el bien o el mal. Sufre bruscas pérdidas de memoria, o simplemente su memoria se vuelve defectuosa o disminuye. Atención a las persecuciones y a las alucinaciones que acechan a este espíritu atormentado.

Este dispépsico mejora comiendo: es su característica principal. Las molestias se presentan cuando el estómago está vacío y desaparecen dos horas después de haber comido (URANIUM NITRICUM).

Es un excelente remedio para el píloro y el duodeno, el estreñimiento y las necesidades urgentes, que mejoran desde el primer esfuerzo.

ANTIMONIUM CRUDUM, el sibarita enfadado

En ANTIMONIUM CRUDUM, el estómago es el centro geográfico de todos los problemas, porque tiene un buen diente, con sus efectos perversos al cabo del tiempo. El desprecio por el estómago es claro: ¡se come una *choucroute* de invierno, el 15 de agosto, sin problemas!

El niño ANTIMONIUM CRUDUM es gordo, relleno e irascible, sobre todo si le retiran el plato o le limitan el consumo. Estos niños van hacia la obesidad por glotonería, sudando por el esfuerzo, y no soportan que los miren o que otro se ocupe de ellos.

ANTIMONIUM CRUDUM es el «socorrista» de los problemas digestivos a todas las edades; si los abusos conciernen al cerdo, el pan, el vino (especialmente el vino ácido) o los pasteles, el vientre se hincha, la digestión se vuelve pesada, los gases aumentan, los eructos saben al alimento y la lengua se cubre de una sustancia espesa, blanca y lechosa como la lechada de cal.

ANTIMONIUM CRUDUM experimenta alternancias de estreñimiento y diarrea. Pero, principalmente, padece sobrecarga alimentaria en todas las estaciones (sobre todo en verano). La *sanción* no se hace esperar para quienes cometen los mismos errores alimentarios a la vez que se interrogan sobre la indigestión y los trastornos gástricos repetidos. El centro es el estómago, pero los efectos de sobrecarga se descubren con frecuencia en la piel: erupciones pustulosas, costrosas, impétigo e urticaria.

Los ANTIMONIUM CRUDUM forman parte de los que han olvidado que la alimentación es una tercera medicina.

ARGENTUM NITRICUM, el apresurado

Corre contra el tiempo y el reloj, siempre tiene miedo de estar retrasado y apenas toma su desayuno para estar seguro de no llegar tarde. Este niño, loco por las golosinas, corre más que camina. Está sujeto al nerviosismo de la anticipación y padece diarrea emotiva.

Se siente acosado, una mala noticia lo afecta rápidamente y desencadena hinchazón y aerofagia. Si se le pide que haga un recado, se habrá marchado antes de escuchar lo que debe hacer.

En estos niños, su precipitación es un gran obstáculo para el aprendizaje. «Quiere terminar antes de comenzar...», pero no se puede llegar a la síntesis sin buenos instrumentos de análisis.

A todas las edades, el miedo al vacío es inmenso; en la montaña o en lo alto de un edificio, le tienta lanzarse al vacío. Es su nota fóbica.

En la vida corriente, si se pregunta a un ARGENTUM NITRICUM «¿Es el trabajo lo que le empuja o usted quien empuja al trabajo?», la respuesta es evidente.

En movimiento continuo, campeón de la aceleración, de la acción —corre tras el autobús— y del verbo, pero tartamudea. En la consulta del médico, si se le cita a las cinco de la tarde se presentará a las dos y se levantará cada vez que la puerta se abra. Si el avión sale a las siete de la tarde, estará en el aeropuerto a las cuatro.

Si se marcha de vacaciones en agosto, en mayo devorará las guías, en junio tendrá las maletas hechas y en julio aparecerán las diarreas. ¿Qué pasa el 1 de agosto? Ya está pensando en el regreso.

De hecho, sufre nerviosismo y miedo por anticipado.

Su precipitación no casa bien con una pareja feliz en el plano sexual: si un ARGENTUM NITRICUM tiene una cita amorosa un lunes, el domingo pasará la noche en blanco, inundado de transpiración y de fantasmas, y el día del encuentro ¡pasarán pocas cosas o demasiado deprisa!

Los miedos de ARGENTUM NITRICUM son innumerables: el tiempo pasa demasiado rápido; no le confíe una obra de medicina, porque estará seguro de tener todas las enfermedades, y los resultados de los análisis tendrán que ser controlados por otro laboratorio. Aprensión y sospecha asaltan su cerebro.

Este azogue se desespera frente a las personas lentas. Le es un martirio hacer cola en el cine o en el autobús. Angustia y miedo generan impulsos. Quiere ser dueño y amo del tiempo, y busca el dominio de sí mismo. Pone dos despertadores antes de un viaje pero se despierta tres horas antes. Tiene claustrofobia y miedo de su inconsciente. En el lavabo, no le gusta cerrar con llave. Prefiere los ascensores rápidos a los montacargas. Es esclavo del tiempo y quiere producir rápidamente.

Sus perturbaciones digestivas estallan racionalmente: gastralgia, hiperclorhidria y úlcera de estómago. Aerofagia también, sobre todo porque come demasiado deprisa. A los 72 años, come en 5 minutos a pesar de la moderación de su esposa. La hinchazón aparece ante la menor contrariedad, ante la menor mala noticia; la anticipación hace estragos en su tubo digestivo. Sufre abundantes diarreas por anticipación o por exceso de golosinas. Diarrea simple verdosa, por abuso de dulces y enterocolitis *mucomembranosa* (con eliminación de moco y trozos de mucosas en las heces). El diagnóstico del órgano no debe separarse jamás de la mirada sobre la persona.

Toda la lógica de la situación digestiva de ARGENTUM NITRICUM reside en esta carrera fóbica contra el tiempo. No se permite, como SULFUR, los «alegres momentos de juerga» al sentarse a la mesa.

IGNATIA, la afectividad

Es el gran remedio psicosomático, el tranquilizante de la vida afectiva interiorizada que rivaliza con los tranquilizantes de la vida moderna. Es la imagen combinada de sufrimiento y rebelión individual que se activan sobre todo en el abdomen, lazo umbilical, centro de todos los duelos y del estrés no expresado.

El niño IGNATIA absorbe el estrés del éxito social impuesto por la familia; a los 8 años, ya lo tiene asimilado. «Debe pasar los concursos para entrar en una escuela de prestigio», afirmará su madre si el médico aconseja reposo. Está en permanente conflicto con el principal elemento de su vida afectiva: la madre.

Bosteza, llora por nada y exhala suspiros involuntarios. Sufre en silencio. Acepta mejor la cantina que la cocina familiar.

Pero puede pasar de un extremo a otro: o bien se siente lleno de alegría o bien lo ve todo negro. Los dolores de cabeza son siempre psicosomáticos, relacionados con lejanas causas afectivas. Los músculos pueden estar agarrotados, tetanizados, pero hay que buscar las causas en otros motivos que el simple déficit de calcio o magnesio.

IGNATIA es el primer remedio para el duelo afectivo. Cuando una guerra provoca un millón de muertos, cuatro millones de esposas, novias y abuelas tendrán necesidad de IGNATIA. Es el primer remedio de la pérdida de un ser querido o un animal de compañía.

Hipersensibilidad, amor contrariado, la sensibilidad exacerbada puede hacerlo pasar de la risa a la tragedia y ponerse a llorar en la comedia. El humor es variable: ríe cuando tiene ganas de llorar. Son las famosas paradojas de IGNATIA, cuyo humor no tiene relación con el conflicto, pero el rechazo del consuelo agrava la situación.

La digestión es la gran preocupación de IGNATIA ya que, afinando el estudio, se descubren siempre causas psicosomáticas: debilidad del estómago o indigestión tras una pena. Deseos infinitos, sin saber qué quiere exactamente: el estómago es delicado, pero se acomoda a las comidas frías. Frente a un marido o una suegra agresivos no se soporta una ensalada, pero sí un bogavante a la americana en buena compañía. Ante sus molestias gástricas, IGNATIA busca especialmente las coles, las cebollas y los rábanos, y es justamente la lista de estas paradojas lo que provoca la genialidad del remedio.

¿Algunos ejemplos?

IGNATIA no soporta el tabaco, pero fuma para no sentirse molesto por el humo de los demás. No soporta los líquidos, pero sí los alimentos pesados.

La tos, fenómeno reflejo, se exagera antes del concierto y se interrumpe para reaparecer durante el entreacto.

Las hemorroides mejoran caminando.

En caso de colesterol, un régimen pobre hace subir las cifras, pero una atmósfera agradable las hace bajar.

El arroz, en la gastroenteritis, no calma la diarrea, ¡sino que agrava los síntomas!

La jaqueca aparece para el rechazo puntual del acto conyugal.

Tras la vacuna antigripal, se instala una gripe tenaz.

La introducción de un DIU habitualmente hace sangrar y disminuye el flujo en las IGNATIA.

Todo es espasmo y paradoja en el comportamiento de IGNATIA, hasta el punto de que un humorista escribió: «¡Cuando una IGNATIA se tira al río, hay que buscar el cuerpo río arriba!».

LYPOCODIUM, el bilioso misántropo

El niño LYPOCODIUM es un poco ambiguo. Es iracundo y débil, y es particularmente irritable al despertar, es protestón, desagradable con sus camaradas y no presta nada. Contradice y molesta a sus padres. Teme a los desconocidos pero su soledad es limitada: puede jugar solo cuando sabe que hay alguien en casa. Su inteligencia es viva, pero el cuerpo es débil (está lejos de ser el motor de inyección NUX VOMICA) y cuando no controla la situación, ¡la ansiedad lo desespera!

A LYCOPODIUM, enamorado de las golosinas y del chocolate, le cuesta terminar sus comidas y se queja de un dolor de vientre que no le impide comer nuevamente una hora después. Está predispuesto a la alergia, particularmente al eczema y el asma, tanto como a los problemas digestivos.

LYCOPODIUM somatiza, ya que su ansiedad real se acomoda mal al estrés repetido de la vida cotidiana.

Las complicaciones del hígado y de la digestión lo acompañarán toda su vida. Alrededor de este trastorno hepático, encontrará las perlas y los diamantes de su gran personalidad. «Buscabas tu pesado fardo y lo has encontrado», escribió Nietzsche. LYCOPODIUM es el malhumorado, el Alcestes de Molière, con sus complejidades y sus relaciones sociales complicadas. Es un hombre difícil y apasionado, un afectivo sediento de comprensión y aprobación.

«ALCESTES: Sí, en ese punto puedo desafiar a todo el mundo. Mi amor es inconcebible, que nunca nadie, señora, ha amado como yo lo hago.

CELIMENA: En efecto, vuestro modo de amar es completamente nuevo, porque amáis a la gente para reñir con ella; vuestra pasión sólo se expresa con palabras importunas, que nunca se ha visto un amor tan gruñón.»

Intelectualmente, es superior a NUX VOMICA pero mucho más pobre en medios.

Su mente, afectiva en secreto pero cartesiana desconfiada, se vuelca a la crítica agresiva. Se desalienta, carece de confianza en sí mismo (nadie me quiere) y teme las nuevas relaciones; le dan miedo las responsabilidades, las exagera pero las asume con gran escrúpulo: se infravalora y se acusa. Cuando llega a adulto, el envejecimiento aparece a la menor insuficiencia. Se siente parcialmente frustrado. ¡El barco se hunde! Si olvida algunas palabras, se encuentra al borde del Alzheimer. Un problema sexual y toda su vida sentimental se rompe en pedazos.

Cuando era niño, prefería la soledad (con una presencia cercana). Al llegar a adulto, elige a sus amigos y sigue siendo crítico, analítico y silencioso frente a una pesada soledad. Es un clásico enamorado del orden, de los ritmos regulares. ¡Ah, los sombríos domingos con comidas sobrias y tisanas!

LYCOPODIUM, probable hijo de un SULFUR juerguista, ha heredado una *hipercolesterolemia* (exceso de colesterol en la sangre) irreductible. El régimen austero modificará muy poco el riesgo, ¡mientras que un SULFUR, con todos sus excesos, presentará una analítica de monaguillo!

Sus características a lo largo de toda la vida serán no tener ninguna confianza en sí mismo, estar desprovisto de fantasía y despreciar el lujo. Le gusta pasar desapercibido, pero es el personaje más serio de nuestra sociedad. NUX VOMICA y SULFUR ocupan las mesas, la comunicación y los proyectos (rápidamente abortados). LYCOPODIUM es la réplica cartesiana, la palabra cruel que alcanza a los demás, llevados por su lirismo. El LYCOPODIUM abogado es más experto en la materia que los otros dos, que te prometen amnistía y disculpa ¡después de 10 años de cárcel!

Llamamos a la mujer LYCOPODIUM, «la Dama de picas». Se viste con severidad y no entabla relaciones amorosas con el primero que llega. La competición intelectual domina el deseo.

En el ámbito digestivo, un apetito frugal deja a LYCOPODIUM satisfecho. Siente el estómago lleno enseguida y emite eructos que no le alivian. La vida, para él, es particularmente difícil entre las cinco y las siete de la tarde.

La hinchazón comienza bastante pronto tras la comida y aumenta hasta el final de la tarde, e incluso hasta la noche. Necesita azúcar y alimentos calientes, pero soporta mal las féculas: la sopa y el pan siempre se digieren mal. Padece estreñimiento y, al defecar, las primeras heces son duras y las siguientes blandas.

LYCOPODIUM tendrá dolor de cabeza de origen hepático si deja pasar la hora de la comida. Al dormirse, tiene estremecimientos en los miembros inferiores, y su sueño se ve perturbado por los gases entre las dos y las cinco y media de la mañana. Su nariz se obstruye a menudo por la noche (sobre todo si hace malas combinaciones de alimentos, como leche y miel).

¡Ah! ¡Si los otorrinolaringólogos establecieran la relación entre la obstrucción nasal y el hígado...!

La singularidad de LYCOPODIUM también se inscribe en la constatación de una rigurosa lateralidad derecha de sus diversos problemas.

NATRUM MURIATICUM, el solitario

He aquí un sujeto que pone celosos a los candidatos a la pérdida de peso: propóngale 10.000 calorías al día y su peso no variará. Si tiene fiebre, perderá un kilo, que tendrá muchas dificultades en recuperar.

Es un niño delgado en el límite de la delgadez, a pesar de que come en exceso y sazona sus alimentos con sal: se trata de un pequeño NATRUM MURIATICUM. Su delgadez es sobre todo marcada en la parte superior del cuerpo. A menudo tiene mucha sed, soporta mal el sol y el mar. Las vacaciones de verano tienden a hacerle perder peso.

El niño NATRUM MURIATICUM presenta unas características bien reconocibles: una lengua como un mapa geográfico, con zonas lisas y rosadas y fondo blancuzco; una fisura vertical en medio del labio inferior; una reacción violenta a las picaduras de insectos; una tendencia al eczema y a la urticaria, y estreñimiento frecuente con heces duras, en bolas. El niño NATRUM MURIATICUM también tiene los bronquios frágiles. Su piel se irrita cuando transpira. Se cansa con facilidad y tiene violentos dolores de cabeza por la mañana.

Es difícil comunicarse con él porque lloriquea por todo. Su sensibilidad y susceptibilidad perturban su comunicación con los demás. Es púdico, llorón y, a menudo, rencoroso y rechaza a quienes lo consuelan.

Con él, la dulzura es menos eficaz que la firmeza.

En la adolescencia y luego en la edad adulta, continúa delgado, más delgado en el cuello que en la cara. Debido a la escasez de músculo, su cabeza se inclina hacia adelante, el abdomen se retrae y los miembros son flacos. La frente es aceitosa y ligeramente acneica. NATRUM MURIATICUM transpira en cuanto empieza a comer.

Podemos adivinarlo, es un futuro retraído a la imagen de LYCOPODIUM, pero con el vientre más prominente. Es indiferente al placer, se ha construido una muralla para la existencia y avanza marcha atrás. Envíe a PHOSPHORUS, en noviembre, como guardián de un faro en alta mar y verá cómo se muere en dos días. Envíe a NATRUM MURIATICUM y verá cómo se deleita con la soledad y no desea volver a ver a nadie hasta finales de mayo. Recibe el nombre de la ostra cerrada, y ni siquiera la soledad del molino de Alphouse Dandet le daría miedo.

El sol, la pena, el calor, la pérdida de sal, todo lo agobia. Este desconfiado permanente se hundirá en la soledad y en la torpeza.

En la adolescencia, mientras que NUX VOMICA se enorgullece de sus hazañas (imaginarias) amorosas, NATRUM MURIATICUM se lo toma todo en serio y se hunde en la timidez afectiva. Lo hemos comprendido, no es un animador y no le gustan los chistes; se encierra en la soledad y en la desconfianza y, a veces, siente rencor contra un tercero.

Al verlo, todo parece irracional en su desarrollo. Tiene mucho apetito y siempre sufre bajo la mirada de una madre desesperada.

NATRUM MURIATICUM es un friolero que se fatiga con los calores del verano. Le duele la cabeza cuando estudia y no sabe interpretar sus dolores.

La relación amorosa es tímida e insegura en los NATRUM MURIATICUM, a causa de la sequedad de las mucosas y, sobre todo, por la incertidumbre con respecto al acto relacional del amor. No es sorprendente encontrar cierta psicastenia (baja de moral) y una neurosis por aislamiento que nada consolará.

Tras este perfil aislacionista, se sospechan problemas digestivos. La sed es viva, pero la boca está seca. Le gusta comer salado, pero rechaza el pan y los alimentos grasos.

La digestión se hace pesada con una sensación de plenitud e hinchazón que le obliga a desabrocharse la ropa.

NATRUM MURIATICUM está cansado y se adormece tras las comidas. Sus heces son duras, a veces, como excrementos de oveja, a causa de la sequedad de las mucosas y la inactividad del recto. Pueden aparecer herpes en la piel y se instala una lumbalgia que hará necesario un sillón con apoyo firme.

Es un sujeto que transpira (pensamientos de afecto que no llegan a destino), se endurece y se encierra en una imagen inquieta y retraída con grandes inquietudes. Sueña que entran ladrones en casa y se despierta con la convicción de que alguien se ha introducido en la habitación.

Este ser delgado con tiroides activa, la envidia de las mujeres que tratan de perder peso, será prisionero de sí mismo y, a pesar de una soledad aceptada, buscará a los demás y tendrá sentimientos de justicia; pero no encuentra las palabras fácilmente.

Es el remedio más fiel de la farmacopea homeopática. Esta dosis infinitesimal mejora las relaciones, como revela cada centímetro cuadrado del cuerpo, pero sigue siendo un gran desconocido para psiquiatras y psicólogos. Las relaciones son duras, se ven poco y no tienen nada que decirse. Pero el médico homeópata puede abrirlos a la vida...

NUX VOMICA, el jefe que dispara

Es el irritable e hiperreflexivo que recorre la vida con violencia y autoridad.

¡Este NUX VOMICA es un niño maravilloso! Se arranca los botones de las camisas, tira las sillas y quiere tener siempre la última palabra. No conoce el miedo, parece haber nacido con una espada en la mano. Es firme, impaciente y susceptible, se irrita al menor obstáculo, a la menor contradicción. En la escuela, rápidamente se advierte su aspecto de cabecilla y jefe. Este jefe nato, hipersensible a las corrientes de aire, es también muy independiente.

¡Además, es un gran comilón con tendencia al abuso! Sus despertares son desastrosos, con réplicas, insultos y amplio vocabulario callejero.

En la edad adulta, NUX VOMICA es el rey de las comidas de negocios y de las buenas comilonas entre amigos. Su jovialidad y alegría, aspirando la vida a pleno pulmón, hace las delicias de los comensales a su alrededor. Devora alimentos grasos, que pueden provocarle hipo.

Profesionalmente, es la imagen misma del jefe, del responsable, con un ojo en el reloj, una mano en el fax y otra en la cartera, llamando a su secretaria al mismo tiempo que da órdenes por teléfono. Es un hiperactivo que se mata trabajando. Examina los documentos con lupa, estimula su memoria para analizar mejor las cosas y desearía tener tres hemisferios cerebrales en lugar de dos, para llevar a cabo sus inmensos objetivos de conquista.

De hecho, no hay NUX VOMICA en el campo, sólo en la ciudad. Buena comida, drogas, narcóticos, purgantes, alcohol, noctambulismo, exceso de trabajo cerebral, estado sedentario, hipercomunicación y vida sexual desenfrenada son los factores principales.

¡NUX VOMICA actúa como si el tiempo fuera a faltarle para hacerlo todo! ¡NUX VOMICA, hombre o mujer, es el tipo de persona que triunfa a punta de espada! Da la impresión de que quiere tragárselo todo, pero teme a la muerte, y su dinamismo agitado puede hundirse y dar paso a la depresión del vencido: vuelve la espada contra sí mismo.

Este torbellino de vida no deja lugar ni al descanso ni a la fatiga. Para soportar este ritmo, NUX VOMICA recurre al alcohol, el tabaco y a los estimulantes de todo tipo, que contribuyen a intoxicar un poco más su organismo bloqueado. Estas costumbres fácilmente pueden tomar la forma de una dependencia etílica o tabáquica.

NUX VOMICA no funciona bien por la mañana, ¡le hace falta un buen rato antes de calzarse sus botas de siete leguas! Déjelo desayunar solo, no le dirija la palabra. No hable de dinero, de problemas o de política porque desencadenará sus iras. Teme el frío y las corrientes de aire que afectan a sus mucosas (coriza) o a los músculos (contracturas). Detalle singular: una pequeña siesta o un corto sueño le devuelven la forma.

NUX VOMICA es un sujeto nervioso que, para soportar su excitación psíquica y física, recurre con demasiada frecuencia al café, al alcohol y a los alimentos grasos especiados o muy condimentados. Como sedentario que es, quema mal las toxinas, padece estreñimiento crónico y tiene migrañas por sobrecarga tras una comida copiosa y con vino.

Dispepsia, gastralgia, úlcera de estómago, pirosis (ascenso del jugo gástrico ácido al esófago), colitis espasmódica, náuseas y vómitos constituyen el lote de NUX VOMICA, que distribuye su adrenalina de combate a todos sus tejidos.

NUX VOMICA sabe intoxicarse como SULFUR pero resulta vencedor en este combate gracias al abuso de todo tipo de drogas alopáticas para dormir, para estar en forma o para sentirse mejor con su compañera. Adivine... ¡cada día, sobrecarga un poco más su hígado!

PHOSPHORUS, el refinado

El fósforo es un elemento presente en todas las células del cuerpo. Lleva en sí el secreto de una angustia existencial. Determina un perfil elegante, un narcisismo delicado y un rostro de eterno adolescente.

Los miedos y las angustias habitan a este ser fino, con su mirada puesta en la belleza y la creación. Crece en altura y, para evitar la depresión, debe mirar al cielo más que a la punta de sus zapatos. El miedo al crepúsculo, a quedarse solo o a caer enfermo manifiestan su angustia de existir, de compartir su pan con los demás.

Su altruismo no tiene límites: será Médico sin Fronteras, militante activo de Amnistía Internacional o de Greenpeace, o simplemente recogerá perros abandonados. A diferencia de SULFUR, sociable y egocéntrico, que no cumple jamás sus promesas, PHOSPHORUS no sabe disfrazar su corazón.

Con su jaqueca y su fragilidad respiratoria, PHOSPHORUS es un potrillo que hay que saber controlar. Si duerme una hora menos de lo habitual arrastrará los pies, mientras que una buena noche de descanso es para él como un cóctel de vitaminas.

Con frecuencia padece alergia o asma, y estas alergias le afectan más que las roturas afectivas. El asma de Marcel Proust tuvo como punto de partida el beso olvidado de su madre.

Este retrato nos muestra también sus dificultades digestivas. La hepatitis es una indicación de PHOSPHORUS, que cura rápidamente de la hepatitis A y mejora de las B y C, más complejas y crónicas. El estómago es delicado, y la gastritis provoca una viva aversión por las bebidas calientes, a pesar de la regurgitación y los vómitos.

En lo más alto de la fiebre, su apetito se mantiene normal. PHOSPHORUS prefiere los alimentos salados, frescos y jugosos, e incluso se despierta por la noche para comer y no desfallecer. Pero su estómago desfallece rápidamente y todas las sensaciones del tubo digestivo son ardientes. Este remedio se indicará en las dispepsias ácidas, gastralgia, úlcera de estómago, pirosis con vómitos y pancreatitis con heces grasas.

PULSATILLA, ¡cuántas lágrimas!

De niño, PULSATILLA deposita en el círculo familiar recuerdos inalterables. Es tímido, suave, se ruboriza al más mínimo estrés y tiene la reputación de ser como el tiempo: un cielo de abril que se cubre y estalla en tormentas pasajeras.

Un poco rollizo, pasivo, sometido a la autoridad del padre y más aún a los lazos afectivos de la madre. Madre e hija se adoran sin dejar de discutir. Una PULSATILLA de 12 años es una niña púdica. Se quita la ropa entre lentitud y lágrimas.

El contencioso con sus mucosas lo acompaña durante toda su vida: sinusitis, afecciones otorrinolaringológicas tenaces, dolores de cabeza persistentes. ¿La circulación? Es su punto débil. Rubor espontáneo y eritema que le cubre delicadamente el tórax a la mínima emoción. Es púdica y enrojece hasta las orejas. Por su generosidad, daría todo lo que tiene para que la quisieran.

Las hormonas son insuficientes en PULSATILLA y son responsables de trastornos venosos que se acentúan con la edad y los embarazos. PULSATILLA tiene muchos problemas de comunicación con el sexo opuesto, ya que sigue las delicadas costumbres del siglo XVIII, que no le permiten acomodarse a los NUX VOMICA, que se abalanzan sobre su presa. La píldora arregla un poco las cosas pero da lugar a pesadez de piernas.

Siempre en busca de las buenas maneras, los problemas de una PULSATILLA frente al machismo son numerosos. Nunca será una presa fácil.

El tenedor de PULSATILLA es tan célebre como su timidez. ¡Ah!, ¡las comidas de las fiestas! Su sola lectura la indispone, y tendrá que sentarse entre NUX VOMICA y SULFUR para que terminen sus platos.

En PULSATILLA, el estómago es lento, condenado a la sobriedad. Cualquier desviación del régimen (grasa, mantequilla, pasteles o leche) le provocará plenitud y náuseas. ¡No deje marchar a PULSATILLA al país de las lasañas o de la cocina griega sin los medios para una repatriación de urgencia! No la lleve a las cervecerías alsacianas, la pondría en un aprieto.

Saciedad rápida, mal aliento. El cerdo es su enemigo. Sólo le gustan los alimentos frescos (no modificados genéticamente), los sorbetes y no los helados. El funcionamiento gástrico es lento con hinchazón y pesadez. Las náuseas y los eructos agrios y rancios con el sabor de los alimentos que ingiere persisten varias horas, así como el dolor de cabeza.

PULSATILLA transmite al intestino su fragilidad hepática y gástrica, lo cual le provoca diarreas intempestivas si se aparta de su régimen.

La austeridad es para ella la clave de la salud.

SEPIA, el melancólico

Si usted encuentra una persona friolera, de rostro sombrío, es sin duda un o una SEPIA. En los SEPIA, el hígado es responsable de delgadez, tristeza y astenia. SEPIA no siente excesiva atracción por la comida. Carece de calor vital. La digestión es lenta y pesada, con sensación de vacío en el estómago hacia las once de la mañana. Carne, grasas, cerveza, pan y, sobre todo, leche son muy mal digeridos.

El estreñimiento está ahí, por falta de emulsión y de evacuación biliar. El médico habla de ptosis, está falta de sujeción de las vísceras, que dan la impresión de un peso en la pelvis o en la espalda. En el rostro, el color de SEPIA es amarillo, como de humo, incluso pardusco, con manchas oscuras o pigmentación.

SEPIA se deprime con facilidad, se pone triste y de mal humor, indiferente a todo, y busca la soledad, con una aversión progresiva por el mundo. ¡No le proponga salidas ni distracciones!

La mujer SEPIA padece un trastorno hepático, así como fatiga e indiferencia afectiva. Todo la irrita, busca la soledad y acepta mal el consuelo. Se aleja del marido, de los hijos, de los amigos más queridos. Como si toda alegría, todo placer, todo gasto o toda salida estuvieran ahora prohibidos. Por suerte, la práctica de la danza proporciona placer y movimiento a su imagen un poco estereotipada. La sequedad de la función hepática provoca también sequedad del alma.

En ella, todo calor vital parece haberla abandonado. Esta biliosa nerviosa tiene una digestión lenta y pesada, con vacío y ansiedad. Sólo mordisquea y las náuseas se presentan por la mañana o cuando está en ayunas, al ver los alimentos.

Todos los placeres de la mesa le están vedados, y los impulsos amorosos y repetidos de un esposo sanguíneo la dejan fría o la cansan. El estreñimiento con heces en forma de bolas denota un hígado grande, una vesícula biliar sensible y un jugo biliar insuficiente y empobrecido.

Los problemas hepáticos tienen su reflejo en la piel, con depósito de pigmentos y erupciones eccematosas. También está presente la migraña biliar, sobre todo al despertar.

Jamás la imagen de la depresión y del mal humor, con búsqueda de soledad, ha reflejado tanto una debilidad fisiológica importante: la del hígado.

SULFUR, el sociable

¡SULFUR forma parte de la vida, el instinto y la fiesta!

El niño SULFUR, egoísta, agresivo y desordenado, desborda de vitalidad. Bracea en el aire y se rodea de compañías ruidosas. ¡Desconfíe! Siempre está satisfecho de su trabajo (hay que controlarlo de cerca), de su higiene (hay que controlarlo muy de cerca) y de sus objetos.

Es cálido, rubicundo y corpulento. A los 12 años ya es un materialista que está más dotado para el comercio que para el intercambio y los estudios. Cree saberlo todo sin profundizar y menos aún sufrir. Prométale la bicicleta de sus sueños y su inteligencia se pondrá en marcha.

Es grueso y a menudo sudoroso, conoce el acné, el eczema y los trastornos digestivos causados por su despiadada gula. Tendrá éxito en todas las incursiones digestivas, con un ojo puesto en la nevera, que será sometida a dura prueba.

El SULFUR niño desborda de vitalidad, de desorden organizado. Sufre de dermatosis, ¡pero le es difícil encaminarse a la ducha!

La higiene es la menor de sus preocupaciones, como también la elegancia en el vestir. No soporta la lana ni los tejidos sintéticos y se viste de cualquier manera. Su maestro se desespera por su desorden. Cuando no busca un bolígrafo, ha perdido el libro o busca con angustia en una cartera que no deshonraría a un anticuario.

Al envejecer, SULFUR come poco y bebe mucho. Es la época de los pequeños malestares, los gritos y el cuidado en lo que consume, él, el fino conocedor de añadas de borgoñas y burdeos. El hígado se congestiona rápidamente, el vientre se hincha con gases fétidos, muestra una lengua blanca y eructos ácidos.

La leche, las harinas y los huevos, que no desdeña en las celebraciones, son sus enemigos, los mismos que envían a PULSATILLA al hospital más cercano. Por otra parte, tiene un apetito tan restringido que la rebanada de foie gras que coloca en su plato se convierte en el objeto del deseo de SULFUR, sentado a su lado.

Hacia las once de la mañana, SULFUR tiene regularmente «un pequeño hueco». Conoce rápidamente el sobrepeso de los apetitos aguzados por la mirada poderosa del deseo. La bodega de vinos de SULFUR es objeto de su orgullo. Es el verdadero propietario orgulloso de su patrimonio. A veces, hace esfuerzos por su salud: ante una litiasis biliar, aceptará una cura en Vichy, pero elegirá cuidadosamente un hotel de 4 estrellas y beberá religiosamente su dosis de agua termal, prescrita por los médicos.

Evidentemente, este SULFUR sedentario no es un deportista olímpico; sin embargo, sabe animar alto y fuerte a sus equipos delante del televisor. La cortadora de césped no entra dentro de sus preocupaciones, puede cortar unos metros de jardín pensando ya en una comida reparadora.

Toca con los pies en el suelo, es un poco egocéntrico, tiene un verbo acertado y risueño, y cuenta con su repertorio de historias «verdes». Este brillante combatiente de la vida, raramente afectado por el cansancio, cultiva la intoxicación regular y hace el gasto metiéndose en el Lyons o en el Club de los 200 kilos. Pero no lo aplastemos de reproches, ya que forma bloque con la vida gracias a su energía, su facilidad de comunicación y la mirada seductora con que observa los bienes de la tierra.

Dado que su ración calórica es elevada a causa de la alegre mezcla de glúcidos, lípidos y proteínas, las consecuencias de esos excesos aparecen y la gordura lo acompaña irremisiblemente. Atención a los regímenes, ya que los soporta apenas tres días. El primer encuentro amistoso echará al olvido al médico, incluso si le resultaba simpático... El genio de SULFUR es difícil de delimitar a causa de su acción en superficie y en profundidad: sofocos, fluxión, hemorroides y congestión de la planta de los pies.

Dependiendo de si esta intoxicación se elimina bien o mal, la piel, los vasos, las mucosas y los riñones serán la salida de socorro y este pletórico hipertenso (mecánico, senador u hombre de éxitos) sentirá los síntomas de una molestia placentera y de un apego a la vida sin igual.

En el plano digestivo, SULFUR es el retrato más exacto de la mala digestión crónica, acidez por todos los excesos, flatulencia abdominal con «emisión personalizada» de gases, enteritis, hemorroides e irritación anal.

A menudo, tiene migraña, dificultades respiratorias, hemorroides y problemas digestivos diversos. Está siempre presente en los combates de la vida. Todo es rojo en SULFUR: enrojecimiento acentuado de los labios, del borde de los párpados, de la nariz y de las orejas, y presenta un rostro rojizo con marcas de acné.

La bronquitis también se presenta, aparece la hipertensión y el rostro se vuelve púrpura al mínimo cambio de temperatura. Aparecen también el reumatismo y la gota. Diarrea, con prurito anal y hemorroides completan el cuadro. Cuando las hemorroides sangran, alivian la cefalea y la hipertensión.

SULFUR presenta diez enfermedades que se suman sin alterar su alegría de vivir: dermatosis, artrosis, colopatía, hemorroides, listiasis (arenilla o cálculos) biliar y renal.

THUYA, el obsesivo

¡Este niño ya se muestra ansioso, meticuloso y preocupado a la edad de la despreocupación! Hipocondríaco en ciernes, con manías y falsas meticulosidades. Es mal jugador, si pierde, se ofende, y no le proponga juegos de vídeo o de paciencia, tiene demasiada prisa; su habitación presenta un desorden poco apreciado por la familia y su maestro percibe de manera desagradable su escritura confusa.

En el THUYA niño, la obesidad ya está presente, no se esfuerza por el régimen ni evita los tratamientos con corticoides, incluso de utilización efímera, que limitarán su crecimiento en altura. Este niño obsesivo ya tiene ideas fijas.

Cuando llega a adulto, este cuerpo pesado conocerá la agitación desordenada de los grandes ansiosos. Es impresionable: la música militar, las trompetas o un melodrama lo harán llorar y expulsar una sensibilidad enfermiza.

Es indeciso y dubitativo, siempre tiene miedo de haber cometido una mala acción, de haber escogido mal: la compra de una casa, la elección de una novia, de un trabajo o de un lugar de vacaciones. No empuje a este solterón THUYA de 37 años a la boda, se negará. El lazo umbilical con la madre lo ha instalado en la duda y la obsesión por la mala elección. Su perfeccionismo lo convierte en un dubitativo que sube tres veces la escalera para comprobar si ha apagado el gas.

La nota fóbica adquiere en los THUYA el ritmo de una letanía de insatisfacciones: el horizonte parece bloqueado, sin esperanzas, sienten la rabia de los perdedores y una pizca de superstición sobre las influencias de las maldiciones del cielo, que los convierte en verdaderos perdedores. La flatulencia es dominante, agravada por la humillación y una tendencia a la diarrea matinal, expulsada con fuerza y acompañada de borborigmos y gases.

THUYA se sacia rápidamente cuando come, tiene eructos rancios tras la ingestión de alimentos grasos, y sus problemas digestivos se ven agravados por el té, las cebollas y el café.

Es el cuadro de la dispepsia (mala digestión) flatulenta y de los movimientos intempestivos del intestino que provocan inquietud sobre alguna enfermedad grave. THUYA es un remedio importante en las colopatías crónicas con muchos borborigmos en el vientre, las diarreas y la aerocolia; aerocolitis que perturba la mente provocando la debilidad en la acción y el repliegue sobre sí mismo, con aparición de ideas fijas.

De la boca al esófago

En este primer recorrido digestivo, los alimentos sufren múltiples transformaciones y pueden aparecer muchas disfunciones más o menos desagradables.

Lengua y mal aliento

Sacar la lengua en público es un gesto de provocación. Frente al médico, es un indicador del estado digestivo.

La lengua funciona como una señal que orienta al médico hacia un estado agudo o crónico.

La lengua blanca

Es de observación banal.

El tabaquismo y el estreñimiento son la causa junto con una sobrecarga digestiva.

- ANTIMONIUM CRUDUM presenta una capa blanca sobre la lengua, un aspecto lechoso que denota el abuso alimentario y su subsiguiente castigo.
- NUX VOMICA es su compañera de ruta, con un reborde posterior blanco.
- PULSATILLA habrá perdido el gusto, los sabores; tiene la nariz tapada, y la intolerancia alimentaria puede con ella. Los excesos en la mesa están prohibidos y las puertas del placer están cerradas.

• SEPIA tiene siempre la lengua blanca, indicador de su mala digestión y de una dificultad para conocer las alegrías de la buena mesa.

La lengua roja

Evoca la fiebre, con su aspecto de frambuesa. Si es brillante, la lengua lo hace todo para aclararnos las causas digestivas: una disminución de ácido clorhídrico, una anemia, una diabetes o una avitaminosis.

• Una lengua como un mapa geográfico significa una descamación aberrante de la mucosa. Los problemas digestivos y gástricos encuentran en TARAXACUM (el valioso diente de león) un activo detergente para la bilis, el hígado y... el aliento. Se toma a 5 CH, 3 gránulos, 3 o 4 veces al día, hasta la mejoría.
• La lengua que conserva la marca de los dientes nos muestra un síntoma de hepatismo que hay que estudiar seriamente, porque todo el tubo digestivo puede estar afectado. HYDRASTIS, PODOPHYLLUM y SEPIA están indicadas cuando el estado dental no tiene nada que ver. De lo contrario, se administra MERCURIUS a la misma posología.

Las amalgamas dentales tóxicas

Hay que reflexionar seriamente sobre los tratamientos dentales. Los pacientes tratados entre 1950 y 1975 frecuentan desesperadamente las consultas médicas. Son víctimas de las aleaciones a base de plomo y mercurio, y sufren mil males. Los metales contaminantes que se encuentran en el agua nos envenenan lentamente, porque existe una progresión de la superficie a la raíz del diente que llega a provocar un sabor metálico, a formar aftas, a ocasionar quemaduras en la lengua y dolores de cabeza.

El profesor Nahmani ha revelado la existencia de una tensión por acumulación eléctrica que pueden ir desde 400 microvoltios a 1100 mv (lo normal son 100). Una lámpara pequeña podría encontrar la energía suficiente para encenderse. Imagine el calvario de estos desdichados artrósicos, víctimas de los antiinflamatorios, que invaden las consultas médicas porque un empaste de este tipo les ha provisto de un campo perturbador que alimenta todos los focos de artrosis.

La información sobre los perjuicios que causan estos empastes no circula correctamente; en Suecia, por ejemplo, estos metales están prohibidos. Numerosos profesionales no dejan de sacarlo a la luz después de veinte años de balbucearlo, y han modificado los metales en beneficio de otras amalgamas menos nocivas. Y, cuando nosotros aplicamos un tratamiento por medio de la *neuralterapia* (inyección de remedios homeopáticos alrededor de un empaste), tenemos la alegría de ver que una rodilla o una rigidez lumbar se liberan de los efectos nocivos del metal, contaminante permanente de la cavidad bucal. Evidentemente, hay ciertos problemas de coste para convencer a los dentistas de la eliminación de los empastes de este tipo.

La lengua negra

La lengua negra es un síntoma de alteración digestiva por empaste o, más recientemente, por la presencia de *Candida albicans*.

Aliento y perturbación del gusto

Lo subjetivo se asocia a lo objetivo, y el diagnóstico es incómodo, ya que la fetidez del aliento puede revelar una infección dental, una gingivitis o una piorrea, una amigdalitis y, en última instancia, una causa digestiva.

Si usted es hepático, el tratamiento más frecuente es el CHELIDONIUM, cuando el entorno percibe el mal aliento, que se agudiza con la toma de leche o de productos lácteos. No sólo la lengua mantiene la huella de los dientes, sino que la saliva tiene un gusto amargo, y es frecuente el dolor de cabeza (¡de nuevo un deseo de leche y de alimentos calientes!).

El tono amarillento del rostro y de la palma de las manos orienta hacia el hepatismo. ¡Una ducha matinal para eliminar los olores nauseabundos de la piel! Resulta difícil convivir con este tipo de hepático, y la irritabilidad lo hace insoportable para todos.

A propósito del hepatismo y del aliento, se sabe que algunas sustancias *volátiles* (cuerpos que se expanden en el aire) lipídicas, metabolizadas por el hígado, pasan a la circulación sanguínea y luego a los alvéolos pulmonares. Por eso, se impregna el aliento. Es lo que sucede cuando se come ajo.

Pero el mal aliento puede tener otras causas, como en el ámbito otorrinolaringológico (nariz tapada o una pequeña sordera). El estado de los dientes y las encías concierne al cirujano dentista, pero es aconsejable utilizar KREOSOTUM como remedio homeopático y ECHINACEA en complejo.

La parte superior del aparato digestivo

Después de la boca, los alimentos descienden al esófago en dirección al estómago, a veces, con algunos accidentes en su recorrido.

El reflujo

La regurgitación se debe al ascenso involuntario del líquido gástrico y provoca una sensación de ardor.

Hay que sospechar una incontinencia del *cardias* (el estómago). Los eructos son salidas de aire, espontáneas o provocadas. A menudo, la causa es una comida abundante, pero el reflujo sonoro, eco del estómago, puede evocar esta protesta.

El hipo

El hipo es el paso ruidoso del aire debido a una contracción fugaz del *diafragma*, músculo plano situado bajo el estómago.

- Si se trata de excesos alimentarios, el remedio será NUX VOMICA.
- En caso de flatulencia habitual, agravada por las golosinas, un acontecimiento o una mala noticia, ARGENTUM NITRICUM.
- En caso de empeoramiento por las grasas, CARBO VEGETABILIS es el más indicado.
- En los reflujos ruidosos de punto de partida intestinal, ASA FOETIDA 15 CH es de una excepcional constancia en los buenos resultados sobre las flatulencias de ascenso impresionante. El aire sube. Imagine un globo dirigible que asciende, comprime el estómago y libera el aire por arriba. MOSCHUS será el complemento de una situación bastante desagradable.

Las náuseas

Las náuseas corresponden al deseo inminente de vomitar. Son *vagotónicas*, es decir, están ligadas al *parasimpático*, cuando se acompañan de palidez, sudor frío, tendencia al desvanecimiento, fatiga, salivación, pulso lento y tensión baja. El médico debe ser un buen detective, porque las causas son innumerables en el terreno digestivo.

El vómito puede estar precedido por náuseas de esfuerzo y por hipersalivación. En primer lugar, se piensa que el sujeto trata de desprenderse de algo nocivo para su organismo, aunque también puede estar ligado a fantasmas conscientes o inconscientes. El acto de tragar puede contrariar un deseo profundo, como ocurre en el vómito de la anoréxica.

A veces, lo que se intenta vomitar es la forma de vida, sus exigencias. Lo mental está muy ligado a las manifestaciones digestivas.

REMEDIOS PARA LAS NÁUSEAS		
Molestias gástricas	ANTIMONIUM CRUDUM	Agravado por los excesos
	NUX VOMICA	Agravado por los excesos
	CYCLAMEN	Agravado por las grasas
	IPECA	Las náuseas duran mucho tiempo después de la causa
Intoxicación	ARSENICUM ALBUM	Carnes deterioradas
	FERRUM METALLICUM	Huevos podridos
Exceso de acidez	IRIS VERSICOLOR	Regurgitaciones ácidas
	SULFURICUM ACIDUM	Hernia hiatal
	ROBINIA	Sólo por la noche
Náuseas del embarazo	IGNATIA (siempre fiel)	Olor de cocina
	COLCHICUM	Olor de cocina o de gasolina
	SYMPHORICARPUS	
Afección hepática	NUX VOMICA	Excesos repetidos
	CHIONANTHUS	
Afección neuropática	AMBRA GRISEA	Sacar de la habitación del enfermo todo lo que pueda servir para recoger vómitos o que sugiera la idea.
	MOSCHUS	
	y psicoterapia.	

Causas y remedios

El cuadro de la página anterior lo orientará hacia su remedio, con algunos consejos suplementarios.

El recorrido del esófago

El esófago es un tubo grueso y resistente. Es un lugar de paso, unido a la faringe y a la base de la lengua. El volumen del bolo alimenticio es menos importante que las ondas de contracción que lo recorren.

Sus síntomas propios son la *disfagia* o dificultad para tragar, la pirosis, el eructo y el vómito de líquido acre ardiente, y a veces, el hipo.

Reflujo gástrico y ardor

• El ardor esofágico evoca CAPSICUM, ya muy presente en el etilismo con rostro enrojecido, sed y aliento sugestivos.

• CANTHARIS es la estrella de la inflamación del esófago. En general, se debe a una enfermedad grave: cáncer de mama, tumor del pulmón o del mediastino, o irradiación por rayos X. La cirugía ha sido eficaz, pero hay una víctima, el esófago, fino tubo abrumado por una estenosis (constricción) ardiente y por una incapacidad para tragar sólidos y líquidos. Todas las preparaciones a base de xilocaína son ineficaces. CANTHARIS 4 CH es la reina en estas disfagias ardientes, reflejo cotidiano de los obstáculos de paso y tránsito.

• En estas situaciones, también hay que recordar a CUPRUM, célebre remedio de la espasmofilia y del mundo moderno, de los que viven con la mirada puesta en el reloj: hipersensibilidad ante la menor ofensa, calambres por la noche, borborigmos ruidosos y vientre en tensión al menor contacto. La mujer empeora especialmente antes de las reglas: se encuentra más cansada al despertar que al acostarse, tiene sensación de fatiga, ¡una impresión de que el coche no tiene gasolina y hay que empujarlo hasta la estación de servicio!

Existen otros remedios, como IGNATIA (una vida interior atormentada y no verbalizada) y MOSCHUS (nota de protesta histérica) que comparte con HYOSCIAMUS (agresividad, celos, ofuscación del alma por pensamientos de rivalidad e incluso de eliminación del otro). El estrechamiento del esófago llama a CONDURANGO y ABIES NIGRA, y abre el capítulo de la hernia de hiato.

La hernia de hiato

Es una patología que ha pasado de ser una curiosidad, hace algunos años, al primer plano de la actualidad. El diafragma es el árbitro de separación de los dos campos, respiratorio y digestivo, que tienen presiones diferentes y opuestas.

Hay que destacar que los grandes maestros del yoga ¡no padecen nunca hernia de hiato! La hernia es el paso de una parte del estómago por el hiato diafragmático.

El esófago puede ser corto y aspirar al estómago hacia arriba, pero el estómago puede forjarse su propio camino hacia la hernia diafragmática con un esófago normal.

En el niño, ya se puede encontrar el habitual reflujo gastroesofágico.

A partir de los 60 años, la hernia de hiato es habitual. Esta complicación provoca un dolor torácico agudo, dificultad para tragar y una agravación cuando se baja la cabeza o se inclina para atarse los cordones de los zapatos.

La posición acostada es la más molesta (hacen falta dos almohadas). Por la mañana, inclinarse hacia delante provoca re-

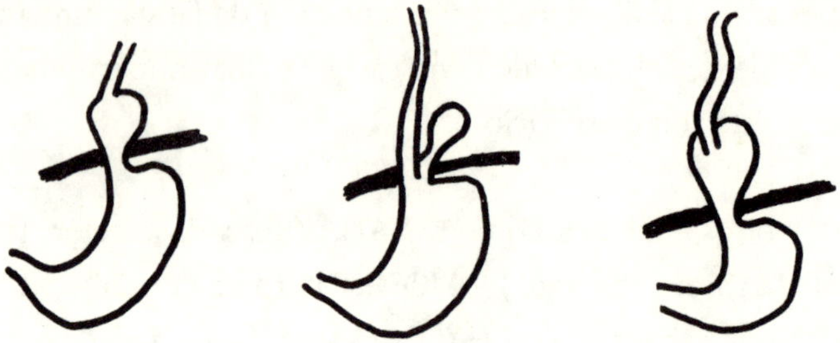

Tipo I
Esófago demasiado corto que aspira al estómago

Tipo II
Esófago normal, pero hernia del estómago

Tipo III
Ascenso del esófago y del estómago

Tres tipos principales de problemas esofágicos

flujo y pirosis. Los síntomas graves pueden sugerir una pseudoangina de pecho, pero ésta empeora si se va del calor (25 °C) al frío.

Sin embargo, para todas las edades de la vida, la homeopatía tiene el equivalente de los medicamentos alopáticos más importantes: SULFURICUM ACIDUM 4 CH, IPECA 4 CH, ABIES NIGRA 4 CH.

A los niños, se les administran triturados, una pizca en cada biberón. Para los adultos, los dos primeros elementos son indispensables. Se puede reemplazar ABIES NIGRA, por decisión del médico que prescribe, por CONDURANGO para el esófago, CAJAPUTUM en caso de espasmo esofágico, CUPRUM si hay tetania, MOSCHUS si la manifestación dolorosa es excesiva, ARGENTUM NITRICUM si comer es un sufrimiento, o si una mala noticia provoca en este apresurado ansioso hinchazón y eructos, y ASA FOETIDA en caso de flatulencia o eructos que provienen de la parte baja del abdomen (sensación de globo). Finalmente, NUX VOMICA actúa en las personas agresivas, con un espíritu de líder al límite de la paranoia. Por último, ROBINIA si el dolor es sólo nocturno con regurgitaciones que hacen castañetear los dientes.

Los remedios homeopáticos son muy valiosos en la hernia de hiato y ciertas combinaciones sintomáticas mencionadas anteriormente son tan eficaces como las costosas especialidades que arruinan a la Seguridad Social.

Esto es particularmente cierto en esta enfermedad digestiva cuyos síntomas son difíciles de descifrar por el médico observador.

Nuestros dolores de estómago

Intentamos por todos los medios dar un sentido a nuestros dolores de estómago. Recientemente, se ha abogado por un origen bacteriano de la úlcera péptica: el *Heliobacter pylori*. Pero la verdad médica es más compleja; el dolor de estómago está íntimamente ligado a nuestra personalidad y a nuestras vivencias.

Nos habla de las dificultades de nuestro comportamiento frente al mundo material. Las contrariedades financieras, emocionales o judiciales se apoderan de nosotros y tenemos tendencia a darles vueltas sin cesar.

La actividad gástrica se manifiesta como una sobredosis de todo este estrés. Clínicamente, se puede hacer callar al estómago, pero anular las tensiones es más difícil.

Alimentarse, recibir, rechazar y quejarse son los términos del guión digestivo que se instala en los primeros meses de vida.

La relación oral es muy clara: la cefalea del niño se expresa a menudo solamente a través de molestias abdominales; la neurosis anoréxica es el punto culminante de la relación alimentaria entre el niño y su madre. Vomitar es rechazar una nocividad. La gastralgia se conoce como la hipersecreción de pepsina asociada a una mala resistencia de la mucosa a esta enzima. La inmovilización experimental del animal, tras una fase de lucha con estimulación del timo y de las hormonas corticosurrenales, conduce a la famosa úlcera de estrés o de capitulación.

Muchos estudios nos demuestran que la úlcera se desencadena por un brote de agresividad no exteriorizada contra un entorno hiriente (según los doctores Grace y Graham). Se trata de la somatización, es decir, la expresión física de un sufrimiento psicológico o afectivo.

Los estudios a doble ciego realizados por la escuela de Alexander han definido dos grupos de individuos. Fíjese bien, a ver si puede identificar a cuál de estos grupos pertenece.

- Los **hipersecretores:** Son inmaduros, agresivos, ansiosos e impulsivos, están ávidos de relaciones orales y sociales, con deseo de gustar y sed de actuar; niegan su ansiedad.
- Los **hiposecretores:** Están poco preocupados por gustar y por relacionarse con los demás, somatizan sus preocupaciones de salud.

Los cuatro tipos psicosomáticos definidos por Uzan están relacionados con cuatro grandes policrestos.

El hiperactivo, competitivo: *NUX VOMICA*

Lleva en sí el placer de fumar, besar, tragar y actuar, junto a la sed de gustar y mantener relaciones con los demás. Las tendencias orales son importantes, y sus acciones lo exponen a todos los riesgos: tabaquismo, obesidad, diabetes y conquistas amorosas.

Su vida, verdadero tornado de la existencia, se basa en la valorización social. Trabaja mucho. Sus días están marcados por la falta de tiempo, la competición y la agresividad. La inteligencia es estratégica, especulativa, sin escape hacia lo imaginario: «Mi necrológica estará llena de realizaciones», podría decir. La competencia en la empresa y en la sociedad, así como el enfrentamiento con los demás, están inscritos en sus genes.

El sujeto socialmente adaptado: SULFUR

Es hiperactivo en su profesión pero se vuelve pasivo o sumiso en el medio familiar. Su adrenalina se despliega poderosamente, como la de NUXVOMICA en el mundo de los negocios, pero pierde los galones al franquear la puerta de su domicilio. Se vuelve amistoso, dependiente e indulgente en el seno de la familia.

Los sujetos inestables, fosfóricos y fluóricos

Representan el 15% de los grupos sociales y cada vez están más presentes en una sociedad que multiplica las llamadas al consumo y crea numerosas necesidades, sin proponer llegar al fondo de las cosas. Una sociedad que también estimula el goce material y la compensación de las frustraciones por medio de las drogas (especialmente los medicamentos).

Fosfóricos y fluóricos alternan la luz y la sombra, la actividad y la pasividad en una ciclotimia de entusiasmo (PHOSPHORUS) o de relaciones (los maniacodepresivos como AURUM METALLICUM).

Los sujetos inadaptados

Se han instalado en las tendencias pasivas. La desinserción social se agrava a causa de una dependencia aceptada. El encuentro con SEPIA, CALCAREA CARBONICA o PHOSPHORICUM ACIDUM es siempre un problema para el cirujano: las condiciones parecen simples, y la operación, prevista en cincuenta minutos, se convierte en una intervención de varias horas, ¡porque los tejidos son defectuosos, y los puntos de apoyo, difíciles!

En cuanto a CALCAREA CARBONICA, una simple operación de rutina deja al médico estupefacto ante la extensión de las lesiones que habían pasado desapercibidas hasta entonces: el descubrimiento de un cáncer que ha evolucionado en silencio, por ejemplo. En este sujeto, el umbral de sensibilidad es mucho más débil que en los delicados fosfóricos, siempre en estado de alerta, a la escucha angustiada de su propio cuerpo, y que movilizan más pronto sus señales de alerta. Se quejan siempre de algo con una gran diversidad de objetivos.

La úlcera, una lesión

El estómago es un poderoso laboratorio, extremadamente móvil, que produce jugos digestivos hiperácidos. Un trastorno de este importante conjunto puede provocar una úlcera, una brecha no cancerosa en la continuidad de la mucosa.

• La **úlcera de duodeno:** Habitualmente es profunda, alcanza la submucosa y la capa muscular y no deja ningún tejido intacto. Cicatriza pero vuelve a abrirse. Es frecuente alrededor de los cincuenta años.

• La **úlcera de estómago** Alcanza un pico a los 60 años, diez años después de la úlcera de duodeno. El hombre está más expuesto que la mujer. Algunas causas de la úlcera son muy conocidas, como la aspirina, asociada a una gastritis de consumidor.

La mirada del médico homeópata sobrepasa la definición de afecciones del tejido, ante la dificultad de disociar la mucosa del córtex y del psiquismo, o sea, escapar a la individualización. NUX VOMICA, con la espada dirigida hacia delante, padecerá una úlcera de la curvatura menor del estómago. Su víctima, IGNATIA, introvertida, doblada bajo el asalto de su esposo, padecerá la misma úlcera de la curvatura menor. ¡Pero a lesión idéntica, soluciones muy distintas!

Los medicamentos se administran a una dilución adaptada a los síntomas: baja para tratar la lesión, alta para mejorar el estado psíquico.

Como se puede constatar, la úlcera de estómago es un antiguo problema siempre de actualidad. La *hiperclorhidria* (exceso de acidez) es un hecho conocido, pero hay que corregir una leyenda: médicos, farmacéuticos, familiares y curanderos se transmiten de generación en generación la estrella indiscutible de los remedios para este mal: NUX VOMICA. Sin embargo, aunque fiel e ineludible, no es el remedio para la hiperclorhidria. Si bien es mejor, en automedicación, que cualquier otro polvo alcalino, hay que conocer su acción: estrictamente antiespasmódica. Es la *adrenalina* (la hormona que segregan las glándulas suprarrenales en grandes cantidades en caso de estrés) la que puede perturbar a su víctima, el estómago, al que retuerce y contrae.

Esto no le impide intentar NUX VOMICA si sufre ardor de estómago, a 5 CH, 3 gránulos 3 veces al día o más a menudo en período de crisis. Pero no deje de consultar a su médico homeópata que, como todo médico, procederá a realizar los exámenes indispensables antes de iniciar un tratamiento.

Principales síntomas

La úlcera provoca saciedad precoz, hinchazón, náuseas y vómitos. El paciente se queja de sensación de plenitud y presión, y se siente aliviado por el vómito o la ingesta. Esta es la mejor solución para NUX VOMICA, que no la aplica nunca.

La persona que sufre de úlcera en general, tiene hambre pero se siente rápidamente satisfecha. Se queja de ardor, de acidez y de sensación de hierro candente. Algunos mejoran cuando comen (ANACARDIUM ORIENTALE, URANIUM NITRICUM). Por supuesto, el médico lo interrogará sobre su régimen y sus excesos de bebidas alcohólicas.

La úlcera de estómago atraviesa a menudo por distintos períodos. Puede doler cada día, durante dos o tres semanas, o en cada estación (equinoccio de primavera y de otoño, como en el ARGENTUM NITRICUM), con motivo de aniversarios o en octubre (por ejemplo ARSENICUM ALBUM). ¡Son como misteriosos relojes biológicos que influyen en la humanidad!

El homeópata tiene en cuenta la diversidad humana, porque interroga al paciente sobre sus instintos, sus aversiones y sus deseos.

Signos para su médico

Tanto si son aversiones como deseos, las diversas reacciones son signos importantes para su médico.

Anótelos antes de la consulta. Corresponden a cierto número de medicamentos homeopáticos.

- Aversión por los alimentos salados: CORALLIUM, GRAPHITES, SELENIUM y SEPIA.
- Aversión por los alimentos dulces: PHOSPHORUS ++, CAUSTICUM y GRAPHITES.

En lo que concierne a las bebidas, algunos las prefieren calientes, otros frías, incluso heladas.

Estas preferencias corresponden, de hecho, a una mejoría de su estado, así como a algunos medicamentos homeopáticos.

• Mejoría con una bebida fría: PHOSPHORUS++ y CAUSTICUM.
• Mejoría con una bebida caliente: NUX VOMICA, CHELIDONIUM, ARSENICUM ALBUM y GRAPHITES.

Estas preferencias pueden orientar a su médico hacia el tratamiento que le conviene.

No prologue nunca un tratamiento homeopático durante varios meses sin consultar a su médico homeopático, que conoce la posología y la importancia de la dilución adecuada. ¡Usted no es un experto! ¡Evite la automedicación!

Calmar los síntomas

La hiperacidez franca se debe al exceso de ácido clorhídrico en el estómago. Se combate con remedios homeopáticos *sintomáticos*, que se dirigen a signos locales.

• CAPSICUM 3 CH y 4 CH. La pimienta de Cayena tiene una afinidad mucosa bien conocida. Es un complemento de NUX VOMICA en los abusos de condimentos y alimentos especiados. Si el sujeto enrojece demasiado, se vuelve irritable, testarudo, con un humor melancólico y nostalgia del pasado, es posible que abuse de las bebidas alcohólicas.
• SULFURICUM ACIDUM. Es el gran soporte de la hernia de hiato, cuyo ardor asciende hacia el esófago. Corresponde a alergias más marcadas al agua que al vino. Si el comportamiento se vuelve apresurado, precipitado y con una ligero temblor, hay que sospechar una afinidad por el alcohol.
• ROBINIA. La regurgitación ácida se manifiesta por la noche: ardores, acritud, pirosis atacan de manera puntual y pueden provocar dentera.

• IRIS VERSICOLOR. Los vómitos son ácidos pero sin ocasionar dentera. Se acompañan de cefalea (dolor de cabeza) migrañosa (en un lado de la cabeza) con disminución de la agudeza visual.

Tome estos medicamentos a 5 CH, 3 gránulos 3 veces al día, antes de las comidas y más a menudo en caso de crisis. Pero nunca de manera prolongada; el tratamiento debe cesar con los propios síntomas.

Curar la hiperacidez

Además, hay que sanar la hiperacidez. También en este caso, la medicina de terreno, la homeopatía, responderá a sus inquietudes.

REMEDIOS PARA LA HIPERACIDEZ	
Los dolores aparecen por la noche	ARSENICUM ALBUM, ROBINIA, ARGENTUM NITRICUM y SULFUR
Los dolores mejoran comiendo	CHELIDONIUM, IGNATIA++, ANACARDIUM ORIENTALE y KALIUM PHOSPHORICUM
Los dolores empeoran comiendo	CHINA y LYCOPODIUM
Astenia (agotamiento) atónica de los operados o de la tercera edad	CHINA
Golosos que mezclan alimentos, los placeres terrestres están en la mesa.	NUX VOMICA y SULFUR
Comidas hechas a todo correr	ARGENTUM NITRICUM
Las grasas se soportan mal	PULSATILLA
Atonía (falta de energía), los placeres terrestres no están en la mesa	SEPIA
Dispepsia y flatulencia por huevos, pan, féculas, sopas, cebollas y ostras	LYCOPODIUM

Tome estos medicamentos a 5 CH, 3 gránulos 3 veces al día como tratamiento de fondo, durante un mes o dos, no más, y consulte a su homeópata.

¿Conoce usted el temperamento ácido?

Algunas personas están más predispuestas a sufrir hiperacidez que otras y prefieren los alimentos ácidos.

La acidez y la alcalinidad (su contrario) son los dos polos de la fisiología en la escala del sistema dualista oriental yang y yin. Paracelso lo había vislumbrado, Hahnemann lo describió y, recientemente, L. C.Vincent lo concretó con su investigación sobre el pH. La descripción es importante si usted quiere reconocerse, corregir su comportamiento, comprender su reactividad psíquica y mejorar su conocimiento de sí mismo.

Al principio, un sujeto ácido tendrá un deseo marcado por el limón, el tomate, el vinagre, la mostaza y las manzanas verdes, o por sus antagonistas, las golosinas.

Lo que usted come engendra repercusiones en su cuerpo. Podrá observar:

- Manchas y rayas blancas en las uñas (desmineralización).
- Dentera a causa del cepillo de dientes.
- Fatiga en los brazos y agujetas en las piernas.
- Fisuras cutaneomucosas (comisuras de los labios, fisuras anales, digitales, vulvares y retroauriculares).
- Infecciones cutáneas: acné, furúnculos, conjuntivitis y queratitis.
- Orina turbia y blancuzca.
- Descalcificaciones óseas (escoliosis, raquitismo y caries dental).

Si su médico practica la iridiología, encontrará los signos (anillo amarillo en los ojos azules y púrpura en los ojos negros) que ponen en evidencia esta característica de tendencia ácida.

Hablemos ahora de la *osteoporosis* (pérdida de la densidad ósea que sobreviene sobre todo en la menopausia). Los ginecólogos prescriben pobremente, orientan a sus pacientes hacia las hormonas y el calcio, cuando lo primero que habría que hacer sería eliminar ciertos elementos acidificantes de la alimentación.

IGNATIA, CHAMOMILLA y HEPAR SULFUR se sienten atraídos por el pepino y los pepinillos; LACHESIS y MEDORRHINUM tienen un gusto desmesurado por los elementos ácidos.

Pero la clave de este temperamento es el comportamiento psíquico. La pusilanimidad conocida de los sujetos ácidos va de la mano con una irritabilidad nerviosa y una hipersensibilidad a los ruidos agudos (THERIDION). También es revelador el sentido de la justicia y el gusto por la palabra espontánea, directa, de estos aficionados al ácido.

Se imponen restricciones, ya que, si bien son sinceros, exageran un poco. No se puede decir todo claramente, por lo que a estos temperamentos ácidos «el Ministerio de Asuntos Exteriores» les está vedado; la diplomacia no es lo suyo.

Estómago y embarazo

Aunque no sea una enfermedad, el embarazo se acompaña a menudo de problemas digestivos a los que la homeopatía aporta soluciones sin efectos secundarios.

Hablemos de peso...

El peso es una preocupación para la mayoría de las mujeres embarazadas. Difícil, muy difícil para las carbónicas, poco musculosas y con tendencia al aumento de peso.

Sepa usted que está autorizada a aumentar 400 g por semana, debe pesarse un día fijo.

La homeopatía permite controlar una evolución habitual en algunas mujeres que adquieren, durante el embarazo, la máscara temporal de SEPIA, con su color amarillo y sus manchas pardas en el rostro (que por suerte se borran tras el parto).

Náuseas y vómitos

Se controlan fácilmente con los medicamentos homeopáticos. Estos se elegirán en función de los síntomas. Reconózcalos en el cuadro que sigue:

REMEDIOS PARA LAS NÁUSEAS DEL EMBARAZO	
Hipersensibilidad a los olores	IGNATIA
– a los olores de gasolina	SYMPHRORICARPUS
– a los olores de cocina	COLCHICUM
Vómitos rebeldes con evacuación rápida, ideas negras	ARSENICUM ALBUM
Salivación exagerada	JABORANDI, IPECA
Sensación de vacío en el estómago que se alivia siempre al comer	PETROLEUM
Estreñimiento rebelde	COLLINSONIA

Estos medicamentos deben tomarse a 5 o 7 CH, 3 gránulos 2 o 3 veces al día hasta eliminar las náuseas. Evidentemente, son inofensivos para el feto, lo cual demuestra la importancia y la validez de la homeopatía.

Es la cabeza, doctor

Los dolores de estómago son el eco y la escolta de la vida mental. El inconsciente, la imaginación y la mente trabajan a fondo. De ahí los pequeños desajustes de comportamiento y de actitud frente a la vida.

Usted ya sabe que la homeopatía actúa sobre el conjunto de la personalidad, en los niveles más sutiles. Por lo tanto, será muy valiosa para mejorar la comodidad de la futura madre y... de su entorno.

Una excitación anormal

Algunas mujeres habitualmente tranquilas no consiguen controlar la excitación que las invade durante el embarazo.

- ACTAEA RACEMOSA muestra una excitación sobre todo cerebral. Tiene miedo de los problemas durante el embarazo o el parto y teme volverse loca.
- CHAMOMILLA se ha convertido en una hipersensible y tiene un carácter imposible. ¡Recordará este medicamento soberano cuando el bebé se ponga furioso!
- IGNATIA, siempre paradójica, muestra comportamientos, sensaciones o trastornos nerviosos contradictorios debidos a su inestabilidad nerviosa.
- THERIDION experimenta una hipersensibilidad nerviosa, sobre todo frente al ruido.
- VERATRUM ALBUM cae en la manía *puerperal* (que sigue al parto) erótica o religiosa.

Las depresivas

Existe el *baby blues*, una depresión normal que sigue al parto, debida a los cambios hormonales bruscos. Pero, durante el embarazo, sobre todo en las *primíparas* (primer hijo), puede caerse en un estado depresivo, debido tanto a los cambios hormonales como al miedo ante un futuro desconocido.

• HELONIAS es adecuado para la mujer lánguida pero irritable, que no soporta la contradicción y que mejora cuando está ocupada o distraída.
• HELLEBORUS en caso de melancolía con depresión sensorial.
• PULSATILLA, pasiva y resignada, también se vuelve llorona. Muestra aversión por la vida sexual.
• SEPIA corresponde a un estado de tristeza con deseos de soledad, irritabilidad e indiferencia afectiva, incluso hacia su marido o sus hijos.
• VERATRUM ALBUM corresponde a la melancolía, con ansiedad.

Los medicamentos indicados deben tomarse a 15 CH, 3 gránulos 2 o 3 veces al día, hasta la mejoría. También puede tomarlos tras consultar a un homeópata experimentado.

Un estómago perezoso

La vida no siempre es justa. Algunos segregan demasiado ácido, otros no lo suficiente. Cuando su estómago no produce bastante jugo digestivo ácido, usted sufre flatulencia. Esto incluso puede provocar un trastorno cardíaco, una dificultad de concentración intelectual, una cabeza pesada y una tendencia a la somnolencia. Se puede reaccionar aligerando las comidas y disminuyendo la cantidad de alimentos ingeridos.

La dispepsia (digestión difícil) acompaña a los estados depresivos. ¡Aparece desaliento, pérdida de ideales o de motivación y el jugo gástrico disminuye! La melancolía, esa pasión triste, se acompaña de mutismo y de abatimiento moral. Vagotonía, aerofagia...; ya en tiempos de Hipócrates o Galeno se evoca esta bilis negra como «un aplastante fervor derrumbado».

Los depresivos

Existe un tipo constitucional homeopático en el cual se advierte una tenaz concomitancia de insomnio, cefalea y dispepsia: son los longilíneos, con un rostro retraído triangular y los vestíbulos cerrados.

En la infancia, tienen un apetito irregular, un crecimiento difícil con rasgos de autismo, de regresión, con rituales y manías. Conocen pronto el dolor y no soportan el alcohol. El más mínimo cambio los indispone. Parecen economizarse frente a la vida. Eligen los objetos y los seres. Son abstractos, poco abiertos a las ideas de los demás y la duda y la ansiedad los asaltan con unaexigencia perfeccionista y una sensación de vacío existencial. Su yo está prisionero y su alma no tiene ni brillo ni frescura.

Son los campeones del análisis, de los papelitos y los gestos obsesivos, y su sensibilidad choca contra el muro de la vida. Se ofenden con rapidez, se hunden en los abismos del sufrimiento y su mímica refleja claramente el dolor. Tienen arrugas muy pronto, y muy numerosas, y su rostro parece cortado en una tela usada.

Dos remedios ilustran bien este estado, ARSENICUM ALBUM y LYCOPODIUM. En este último, la dispepsia aparece durante las comidas. LYCOPODIUM es célebre por su psique a la medida de su dispepsia. Es poco apreciado por los demás y por sí mismo, y la duda y el pesimismo se apoderan de él cada vez más.

El tormento de la consciencia y su psiquismo desolado encuentran sus raíces en este hepático desnutrido. Siente una gran ansiedad por su salud y una desconfianza cartesiana frente al cuerpo médico y su lenguaje velado o esotérico. Teme las verdades escondidas, o sea, lo peor.

Otras dispepsias

Existen otros tipos de dispepsias, con su carácter aparente, objetivo o incluso reactivo.

• CHINA es pobre en jugo digestivo: en la mesa acumula el malestar, y la visión de la carne o de la leche casi lo hacen desfallecer.

• NUX VOMICA es nervioso, su estómago no tiene úlcera y no segrega demasiado ácido. Pero su gusto por los platos especiados le provocará pesadez y la sensación de tener piedras en el estómago tras las comidas. Tiene tres soluciones: vomitar, dormir una pequeña siesta reparadora de 10 minutos y, en el peor de los casos, buscar pelea con alguien próximo (su mujer o su marido, por ejemplo).

• PHOSPHORICUM ACIDUM es un adolescente expuesto a todos los peligros por indiferencia, torpeza o mutismo. Habla con monosílabos. Su cuero cabelludo es graso y tiene una tendencia a la diarrea que simboliza la aceptación de un final próximo y el envío de un mensaje que le llegará... después de su propio fin.

• IGNATIA alterna *hipostenia* e *hiperestenia* (falta de energía y exceso de energía). Sus paradojas y sus comidas a deshoras son conocidas. IGNATIA ya lo muestra en la infancia. La dispepsia se manifiesta por un espíritu de contradicción. Cuando es niño, no come o come a escondidas. Es un niño con camiseta en invierno y tres jerseys en verano. En la edad adulta, ha adquirido esta selectividad alimentaria, pero el golpe más duro será la pérdida de un ser querido. IGNATIA conserva entonces los alimentos indigestos y rechaza los ligeros. Se queja del estómago y no soporta el calor; reclama comidas frías, col o cebollas picadas. Siempre tiene hambre pero sus trastornos no desaparecen cuando come. IGNATIA corresponde a la bola histérica que se levanta desde el estómago hasta el esófago, comparable a ASA FOETIDA, NUX MOSCHATA y CUPRUM, menos paradójicos pero siempre agobiados por el peso del estrés.

Si estos medicamentos parecen corresponderle, tómelos a 7 CH, siempre a razón de 3 gránulos antes de las comidas. Pero no deje de consultar a su médico homeópata, que tendrá una visión exacta de su problema.

Un estómago empachado

Usted tiene la impresión de que lo que se encuentra en su estómago no «pasará» jamás, que no avanzará hacia el intestino. Los medicamentos (esta vez hay que tomarlos a 5 CH) corresponden aquí a los síntomas y las causas de este empacho, es decir, a los alimentos ingeridos.

REMEDIOS PARA EL EMPACHO	
Frutas verdes	CHINA
Alcohol, especias y alimentos picantes	NUX VOMICA
Verduras crudas	BRYONIA
Pasteles y grasas	PULSATILLA
El estómago está empachado pero	
la lengua está limpia	IPECA
la comida es copiosa	ANTIMONIUM CRUDUM
la lengua es blanca	ARSENICUM ALBUM
Los alimentos estaban en mal estado	VERATRUM ALBUM

Gusto, bulimia y anorexia

La nutrición, función de consuelo o elemento de protesta, se acompaña de significados misteriosos tanto para el alópata como para el homeópata, ambos a menudo desbordados por la abundancia de información. Las dificultades de objetivación de los problemas del gusto son considerables.

El gusto desagradable en principio no es importante, pero a menudo el paciente lo menciona. Es difícil convertirlo en un signo de orientación hacia el tubo digestivo.

El origen de este trastorno debe buscarse en las amígdalas, los dientes, las encías, o incluso en la respiración; pero la principal causa, que no se debe desdeñar, es de orden neurótico histérico. El sabor amargo se atribuye a la bilis, que no mejora con ningún drenaje ni colecistectomía.

Para mejorar este síntoma, se recurre a los signos generales y a los horarios que permiten confirmar las señales de alarma.

• El sabor amargo al despertar atrae la atención sobre NUX VOMICA y LYCOPODIUM.
• El hambre que se calma rápidamente evoca CHELIDONIUM, TARAXACUM y PULSATILLA.

Estos medicamentos se toman a 5 o 7 CH, 3 gránulos 2 veces al día, sin sobrepasar 2 meses de tratamiento si el médico homeópata no indica lo contrario. No hay riesgo con la automedicación.

El siguiente cuadro relaciona las alteraciones del gusto, los remedios homeopáticos y las circunstancias de aparición.

REMEDIOS PARA LA ALTERACIÓN DEL GUSTO		
Gusto fétido	Remedio homeopático	Circunstancias
La boca tiene un problema	BORAX, CAPSICUM y MERCURIUS (primer remedio contra el estreptococo)	Estomatitis, angina ardiente, aliento fétido, ganglios y sudores nocturnos
El tubo digestivo sufre	CARBO VEGETABILIS, CHELIDONIUM, GRAPHITES, FERRUM METALLICUM, THUYA, NUX VOMICA y PULSATILLA	Fermentación rancia, impresión de mal aliento, gusto a huevos podridos y aliento fétido con necesidad de lavarse la boca
El gusto parece salado	ANTIMONIUM CRUDUM, CHINA, CARBO VEGETABILIS, CYCLAMEN, PULSATILLA y SEPIA	Sed o inapetencia
El gusto parece metálico	CUPRUM MERCURIUS y PLUMBUM, en caso de amalgama dental	Exceso de saliva

La anorexia

La *anorexia* (disminución o ausencia de apetito, e incluso rechazo de la alimentación) es el síntoma principal en gran número de afecciones gastrointestinales. Las causas nunca son locales, y la ansiedad, el dolor y la depresión actúan al mismo tiempo que la disminución del gusto y del olfato.

Pero la sombra de la anorexia mental planea cuando se toca este tema, y la homeopatía aporta su rico toque de individualización. Ya que, si bien «anorexia y bulimia son las dos caras de la misma moneda» (*Dolores de cabeza, heridas del alma*, Dr. Roland Sananes, Ed. Urano), es singular encontrar la misma indicación de los remedios en estados tan opuestos como la bulimia y la anorexia: NATRUM MURIATICUM, LYCOPODIUM y SULFUR, por ejemplo.

Existen varios tipos de anorexia, determinados por su causa principal. La homeopatía sabrá descifrar la problemática de este tipo de paciente.

La anorexia postinfecciosa

Es benigna y sigue a menudo a un estado gripal. AVENA SATIVA 3 X y ALFALFA 3 X mezcladas permiten recuperar un hígado sano, sueño y apetito.

Si la situación ha sido generada por un conjunto de medicamentos potentes (antibióticos), la lengua se vuelve blanca, y se preferirá ANTIMONIUM CRUDUM y MONILLA ALBICANS, que restablecen las funciones tras estas cortas tempestades.

Pero AVIAIRE 9 CH sigue siendo, con SULFUR 9 CH, el remedio para entrar en una convalecencia sin secuelas al final de una enfermedad aguda. Sin ellos, se corre el riesgo de padecer una astenia de larga duración, toses sin fin, disminución del peso y una lenta recuperación. Esta asociación evita las complicaciones pulmonares y las recidivas.

La anorexia digestiva

En este caso, el individuo se muestra con todos sus instintos, sus excesos y sus imprudencias.

- ANTIMONIUM CRUDUM es el gran comensal, un verdadero ladrón de neveras, pero este síntoma no exige un gesto corrector; es el pago cruel que indica la necesidad de una dieta reparadora.

• IGNATIA o GELSEMIUM 9 CH calmará a la madre que se inquieta frente a la falta de apetito de su hijo.

• El niño SILICEA manifiesta los primeros signos de independencia relacional rechazando el seno materno. Las náuseas aparecen con la primera vacuna. Su estreñimiento tras la ingestión de leche de vaca, su perfil psíquico, sus sudores y su mirada inquieta son conocidos. Sus ojos brillan en un rostro triangular, expresando un crecimiento difícil. Este niño salvaje no da una imagen saludable. Es raquítico, con fontanellas abiertas durante mucho tiempo, suda enseguida, focaliza las infecciones a través de dermatitis (irritación de la piel) o *adenitis* (inflamación de los ganglios) pustulosas (que forman pústulas en la piel o pequeños relieves infecciosos). Es hipersensible, tímido, irritable pero obstinado, su orgullo será la muralla de sus debilidades. Es metódico, escrupuloso, sin confianza en sí mismo y encarna una resistencia heroica a la fatiga. Se dice de ellos que, durante las guerras, los SILICEA se encargan de la resistencia mientras que los SULFUR se ocupan del abastecimiento.

> *Tomar el medicamento apropiado en dosis semanal, siempre el mismo día, a 9 o 15 CH hasta la mejoría, es decir, recuperación de un apetito normal. De lo contrario, consultar a un homeópata experimentado.*

La anorexia psicógena

Ha conocido más de una denominación e innumerables estudios psiquiátricos. De la consunción nerviosa (Morton) a la neurosis de la comida (Freud), este síndrome ha suscitado múltiples interrogantes, ya que, a veces, el anoréxico tiene hambre, y estos estados extremos son las dos caras de la misma moneda. Este estado de «odio del cuerpo» se ha atribuido a un trastorno endocrino, ya que, con la pérdida de peso, aparece en las mujeres o en las jovencitas una amenorrea (desaparición de las reglas).

Las causas deben analizarse; pueden deberse a un cambio de instituto, a una depresión nerviosa del padre tras una mudanza o un divorcio, etcétera. Por supuesto, la primera decepción sentimental es el primer revés de la vida. El muchacho o la jovencita están seguros de ser demasiado feos para ser amados y necesitan castigarse. Las burlas de sus amigos sobre una pequeña obesidad real o imaginaria pueden desencadenar la anorexia. Entonces se inicia el duelo y el rechazo del propio cuerpo.

Lo que es seguro es el conflicto relacional entre la madre y la hija, así como el rechazo y disgusto por su propio cuerpo, agresividad que genera la angustia materna.

> *Durante la vida fetal, la existencia está envuelta en una delicada atmósfera nutricional; el niño se complace en su huevo, está al abrigo de cualquier traumatismo o cualquier variación excesiva. Es un verdadero «pez en el agua», la imagen de lo que puede ser el nirvana hindú o el paraíso.*
> *Al nacer, el feto, convertido en recién nacido, es expulsado de su paraíso, tiene frío, debe respirar, alimentarse y asegurar sus necesidades.*
> *No está protegido, y este mundo le resulta agresivo. Ha comenzado la dependencia en el entorno del afecto de una persona esencial, la madre.*

Durante la infancia, la batalla de la cucharilla deja a la madre agotada (IGNATIA, GELSEMIUM y ARSENICUM ALBUM) y, si se pide ayuda al resto de la familia, la situación no mejora. Esta ansiedad contagiosa y esta situación conflictiva han sido comparadas por Françoise Dolto al sufrimiento de la violación o de la agresión sexual para el niño.

La anorexia mental de la adolescencia provoca pérdida de peso y amenorrea. Se ha puesto en marcha una revuelta solapada, que hará del sujeto un modelo de resistencia heroica en el combate por la comida frente a la madre.

Se podrá realizar la ascensión al Himalaya en camiseta, se podrán alcanzar los más altos niveles de competición intelectual y se podrá rechazar la sexualidad, al mismo tiempo que se cae en la desnutrición. La culpabilidad está centrada en la relación edípica con el medio familiar, y una fuerte tendencia suicida se esconde bajo este comportamiento.

La paradoja singular de estos adolescentes es que presentan un notable fetichismo alimentario (IGNATIA). Están ávidos de libros sobre salud y alimentación y pasan a menudo largas horas eligiendo sus alimentos en las tiendas.

El narcisismo y la *dismorfofobia* (rechazo de la imagen del cuerpo) son la imagen en un espejo roto. El miedo a perder el control de sus instintos y a ser invadido por el peso desencadena la hiperactividad y la negación de la fatiga. Buscan la competición con otras armas que la seducción, el diploma más que un toque femenino. Estos son los términos del desafío de la anoréxica, acostumbrada al vómito en solitario.

Al principio, se siente infatigable, se alimenta pero se fuerza a vomitar; luego el apetito se degrada y la lucha con el medio se pone en marcha. La madre es, con frecuencia, rígida y consciente; y el padre, algo distante. Este ascetismo intelectual y este rechazo de la sexualidad son los fundamentos de un estado depresivo *esquizoide* (pérdida de contacto con el medio).

El trabajo del médico es difícil y deberá completarse con una indispensable psicoterapia de apoyo para hacer comprender al adolescente que, entre los alimentos, las vitaminas y los minerales esenciales no intervienen en el aumento de peso. ¡Habrá que hablar con diplomacia del alimento, este elemento de relación y de comunicación con la madre y hacer comprender que hay problemas profundos detrás del síntoma de la anorexia!

Conviene también facilitar discretamente la comida entre horas (¡tan contraria a la línea en tiempos normales!) a escondidas, depositando «platillos» en el recorrido del adolescente. Se intentará que haga footing antes de la cena; si lo acepta, estimulará el apetito.

IPECA es un excelente coadyuvante de las náuseas. Abre el estómago y favorece la asimilación. Pero el éxito escolar sigue siendo la mejor de las bazas. Hay que saber mostrar al anoréxico los peligros de su huelga de hambre personal, el riesgo de fracaso escolar, de abandono del objetivo intelectual, la hospitalización de urgencia y la amenaza de perfusiones en plena época de exámenes universitarios.

No hay que dudar en provocar un choque pero, en este combate donde los éxitos son raros, la homeopatía puede participar con un «reconocimiento del ser» y evitar la ruptura de los puentes que le unen a la vida. La homeopatía puede reconciliar al adolescente con el amor por la vida.

Una primera selección homeopática gira entorno a actos correctores.

- Hay repugnancia por cualquier alimento: ARSENICUM ALBUM, CHINA, IPECA y SEPIA.
- El apetito disminuye al sentarse a la mesa: CHINA e IGNATIA (en caso de conflicto con la madre).
- La anoréxica tiene hambre durante la noche o come a escondidas: CHINA, IGNATIA, LYCOPODIUM y PHOSPHORUS.

Hay que tomar estos medicamentos a 7 CH, 3 gránulos 2 o 3 veces al día hasta que cesen los problemas y se recupere una relación normal con los alimentos. Pero la consulta al homeópata es imperativa.

Remedios para la persona

Afortunadamente, los carbónicos, especialmente los SULFUR, sobrepasan en el momento de mamar todas las normas y serían capaces incluso de atacar el seno materno. Sin embargo, en la edad adulta, apenas engordan. ¡No son estos los anoréxicos que necesitan ayuda!

La anorexia golpea más bien la puerta de los fosfóricos, afectados por neurosis de inseguridad, exigencia de afecto teñida de narcisismo y una imagen frágil del cuerpo, como NATRUM MURIATICUM, que rechaza su imagen.

• STAPHYSAGRIA y NATRUM MURIATICUM son los remedios de los celos secretos, con su temible intransigencia.
• SEPIA acepta el sacrificio de un cuerpo sin ninguna gracia.
• PHOSPHORUS también tiene problemas importantes de idealismo, narcisismo y sexualidad.
• Pero un remedio domina el recorrido del anoréxico y resume la atracción y el rechazo por la comida, es ANACARDIUM ORIENTALE. Sus lazos con la alimentación son profundos: la comida es el único momento que calma la inquietud sobre la propia existencia. Se remonta muy lejos en la infancia y está ligado a la relación con la madre. Este anoréxico, indeciso, dubitativo y ambivalente, está dividido entre el amor y la agresividad. Su yo parece débil y deprimido, las pérdidas de memoria son frecuentes, y sufre una inestabilidad afectiva y una ausencia de coraje o de voluntad para afirmarse.

ANACARDIUM ORIENTALE 200 K (dilución korsakovina obtenida utilizando siempre el mismo frasco y añadiendo cada vez 99 volúmenes de disolvente), acompañado de IPECA 5 CH, es una secuencia muy positiva en el enfoque de la anorexia, con el apoyo aceptado o cuestionado del psicoterapeuta. He conocido anoréxicos muy jóvenes, a la edad de un año, en familias con una madre narcisista, siempre hipercontrolada. El crecimiento ponderal de dientes de sierra es llamativo.

Hambre y bulimia

El hambre, estado de consuelo o patología pulsional, es una sensación desagradable de vacuidad gástrica. La intervención de un remedio que actúa sobre el nervio vago o el sistema simpático mantiene intacta la necesidad de alimentos.

La sensación de hambre o de saciedad está regulada por dos centros en el hipotálamo, que están influenciados directamente por la *glicemia* (tasa de azúcar en la sangre), la cual debe ser constante, a riesgo de sentir malestar. Los azúcares lentos mantienen la glicemia más o menos constante, mientras que los azúcares rápidos la hacen subir rápidamente y después bajar con la misma rapidez.

Fueron los Cruzados quienes extendieron el uso de los azúcares refinados, cuyo empleo es, por otra parte, la primera causa de diabetes (el consumo es actualmente de 20 kg por habitante y año).

La mujer, antes de las reglas, sufre a menudo una hipoglicemia y una *hipomagnesemia* (disminución de la tasa de magnesio en la sangre), con apetito premenstrual. Es la indicación de CEDRON 30 CH el día 25 del ciclo.

El tabaco actúa como antídoto del hambre, porque la nicotina cumple una función de verdadera anfetamina.

Finalmente, el estrés y la ansiedad culminan en la frase ritual «me siento vacía» y en la búsqueda de golosinas, sin olvidar la televisión, gran incitadora a comer a todas horas.

Hay que explicar a las víctimas del peso que la primera tarea es aceptarse sin romper el espejo y admitir la diversidad de morfologías.

Y también que el 50% de los aumentos de peso no tienen relación con el alimento y resisten a todos los manuales actualizados cada año sobre el arte de adelgazar sin esfuerzo.

Se dice que la dificultad del enfoque de la obesidad se mide por la abundancia de publicaciones que se le dedican y, en este terreno, ¡hay una verdadera bulimia de escritura!

Un obstáculo no desdeñable de la perturbación alimentaria es el conflicto con la madre (90% IGNATIA). Esta madre cree combatir en su hija a la vez la falta de voluntad y la privación de alimentos que comprometen su salud. Su causa es la ansiedad y la depresión: «Quiero que mi hija adelgace para evitarle los problemas que yo he sufrido antes». Esta madre, dispensadora del alimento, provoca lo contrario, bulimia y frustración.

Se han tratado de establecer las causas que inducen a comer demasiado, como la herencia, por ejemplo, pero sigue siendo un enfoque incompleto. Siempre se ha pensado que, frente a la disminución del gasto, conviene disminuir las entradas.

Existe una corriente sociológica de reprobación o rechazo de los individuos obesos. Considera como marginal a quien, por la ropa o por el peso, se aleja de las normas. La sociedad ya no tolera a los obesos.

¡Cuántas culpas! ¡Pesadas e injustas acusaciones como las que pesan sobre los hepáticos con niveles de *gamma* GT elevados, porque se piensa que les gusta demasiado el vino!

Todo el mundo piensa en la existencia de conflictos y en razones de herencia en la génesis de obesidad. El 88% de las personas han iniciado su obesidad tras un acontecimiento conflictivo o una angustia profunda a propósito de sí mismos (pubertad, embarazo o duelo). La pérdida de identidad puede observarse alrededor de una angustia profunda sobre sí mismo (pubertad, sexualidad, embarazo o muerte de un ser querido).

La herencia es constitucional: en primera fila de riesgo, se encuentran los carbónicos y su relación con los hidratos de carbono, que hinchan los *adipocitos*, futuras células grasas.

El entorno indulgente de los abuelos favorece esta tendencia a consumir golosinas, sin olvidar que algunas madres alimentan a sus hijos cada vez que lloran, sin buscar otra causa.

La función alimentaria exige educación, como todo lo demás a pesar de que algunos continúen comiendo aunque estén satisfechos. Esta función es emocional (hambre = disgusto) y apela a la madre nutriente.
Así se establece el lazo simbólico: el alimento representa amor, seguridad y satisfacción de la necesidad, y, a menudo, algunas madres, preocupadas por la bella imagen del hijo, corren el peligro de participar en un mal aprendizaje. La conducta bulímica incluye rasgos obsesivos, componentes ansiosodepresivos, una mala evaluación de la imagen corporal y fantasías bastantes pobres, alimentadas con sentimientos de vacío e inexistencia.

• CHINA y LYCOPODIUM se sienten molestos por la flatulencia. El duodeno se vacía lentamente, y experimentan hambre tardía, nocturna.
• PHOSPHORUS, *oxigenoide* (quema rápidamente sus reservas), calma sus fantasmas cuando come. Multiplica su hambre de vida.
• Para IGNATIA, una vida amorosa frustrante se compensa comiendo a todas horas.

• PSORINUM es delgado y demacrado; en su caso, el hambre es la única relación que lo une a la vida.

Los participantes en la bulimia

La homeopatía interviene eficazmente a partir de una visión constitucional y de un enfoque personalizado de los comportamientos.

> *Hay que señalar el peligro que representa el abuso, si no el uso, de algunos medicamentos moderadores del apetito. Con frecuencia, las reacciones inmediatas son imprevisibles y provocan la aparición de accesos depresivos graves, e incluso de conductas suicidas. No hay que olvidar que el síntoma bulimia sirve a la persona afectada como sistema defensivo contra su propia angustia. La ruptura brusca del equilibrio afectivo puede tener consecuencias sobre la bulimia, y la homeopatía prefiere intervenciones que moderen la conducta, la angustia y el equilibrio interior del paciente.*

Es aquí donde se dibujan y se reconocen los perfiles de los grandes bulímicos.

• ANTIMONIUM CRUDUM, cómplice de SULFUR, corresponde a la sobrecarga digestiva en cualquier estación. Cargará a su madre con un exceso de compras. Es más goloso que sibarita y lo consume todo en grandes cantidades. El esquema «alimento igual a comodidad» es su divisa. Ni las náuseas ni los vómitos restringen este sublime apetito. Y, si se le retira el plato, este tragón se pone enfermo. El apetito y la ración calórica son iguales tanto en invierno como en verano.

• SULFUR es el hombre de las plusvalías financieras. Su cooperación con el médico es muy limitada en materia de régimen. Su apetito sólido y su inclinación por las bebidas se equiparan:

optimismo, contacto jovial y promesa de régimen (pero desconfiemos de sus abandonos al primer encuentro amistoso). Si usted amenaza a un SULFUR con todos los peligros que corre, le responderá con una mirada y una sonrisa burlona: «Doctor, hoy no tiene muy buen aspecto».

• LACHESIS es el perfil de una persona afectada por problemas endocrinos y psíquicos, que desencadenan pasiones y fracasos. Este personaje luchador puede alcanzar la vanguardia de la depresión por exceso de autoridad sobre los hechos y las personas. Se apoya a menudo sobre la euforia pasajera del alcohol. Luego, el desequilibrio alimentario de los etílicos se pone en marcha, acentuando el sobrepeso. Esta persona «musculosa cerebral» y competitiva, borra sus fracasos o sus errores cuando come. Si el camino de la botella se modera, el del tenedor se acentúa, y aparece la bulimia compensadora de todos los combates.

• STAPHYSAGRIA. En su caso, el orgullo está herido, los complejos de inferioridad mantienen un hambre de compensación en este consumidor de cigarrillos, al que, sin embargo, cortan el apetito. Se ven aparecer, en este delgado voluntarioso, depósitos negruzcos en el borde de las encías y los dientes. El cigarrillo es su espada de combate contra el apetito.

• NATRUM MURIATICUM tiene un destino curioso. En este débil taciturno y orgulloso, la morfología sigue siendo plana. No hay aumento de peso a pesar de las 10.000 calorías que ingiere. Su silueta de flaco comilón lo hace envidiable. Sufre migrañas de intelectual. Su estómago tiene menos importancia que su neurosis.

• IGNATIA come a todas horas para aliviar sus penas, duelos o situaciones irrealizadas: come para no llorar. Se levanta por la noche para comer algunas rodajas de salchichón, en función de su soledad afectiva o sexual.

• LYCOPODIUM es también un remedio constitucional. Come a deshora en proporción a sus flatulencias y su dispepsia. El apetito vuelve con fuerza tras algunos instantes de anorexia. Es el hambre dolorosa de los dispépsicos preulcerosos.

• PSORINUM es también un remedio de evolución: corresponde a un ser delgado agobiado por la dermatosis. En él, la senescencia está en marcha, y la relación oral es el único hilo material que lo liga a la vida. En la tercera edad, la hora de las comidas es el momento más ansiado del día.

• ANACARDIUM ORIENTALE es un remedio diario que toman a 15 CH las personas cuya agresividad se calma comiendo. La cólera se alivia gracias a la actividad de los maxilares, incluso los violentos ajustes de cuentas en su medio familiar. Su estructura compleja se remonta a la infancia, probablemente a causa de los celos frente a un hermano.

• ACTAEA RACEMOSA es el remedio más indicado para la neurosis bulímica. El paciente sufre cefaleas a modo de depresiones, y el régimen de comidas mejora la condición existencial. Este remedio debe prescribirse a alta dilución e intervalos cortos. En este perfil homeopático, la *verbalización* (expresión de los sentimientos mediante la palabra) es habitualmente intensa. Si la expresión oral se empobrece, se pone en marcha una poderosa compensación alimentaria.

Estos remedios se dirigen a los componentes psicológicos y deben tomarse a alta dilución, 15 o 30 CH, y en dosis (glóbulos). Los tratamientos deben ser puntuales (unos días en períodos de crisis) y ajustados por el médico homeópata.

La encrucijada hepatobiliar

Estos dos talleres digestivos, el hígado y la vesícula biliar, son fundamentales por su función. El hígado cumple una función antitóxica y de eliminación; es un verdadero dique contra los venenos minerales y orgánicos, así como contra las toxinas microbianas.

El hígado filtra la sangre y transporta los nutrientes absorbidos por el intestino delgado. El papel del hígado es esencial para la asimilación de los hidratos de carbono y los aminoácidos, el metabolismo de los lípidos y el colesterol, y, sobre todo, en la degradación de los medicamentos y las hormonas. ¡Es el gran salvador del cuerpo en caso de excesos alimentarios!

Desde los comienzos de la medicina, se sabe que las afecciones del hígado modifican y alteran el psiquismo. Se dice de los hepáticos que son hipocondríacos (siempre se creen enfermos); etimológicamente, son quienes «sufren por debajo del diafragma».

Si la bilis se evacua de manera defectuosa, los hepáticos se vuelven tristes y malhumorados, se encolerizan, y su angustia puede llegar a la melancolía, cuyo sentido real es el de una «marea negra».

La cólera está ligada al hígado. Cuando gritamos, movilizamos toda la energía hepática y resolvemos nuestros problemas con el mundo exterior por medio de la violencia.

No le sorprenderá saber que el hígado es el punto más caliente del cuerpo, con una temperatura superior a 40 °C. Esta elevada temperatura es necesaria para asegurar las funciones bioquímicas.

El hígado es el taller de refinado, el taller de química que elabora la glucosa asimilable. Transforma las grasas y fabrica la bilis. En ruso, «hígado» se designa con la misma palabra que «estufa», el elemento central del hogar.

La función hepática es auténticamente *circadiana* (ligada al ritmo de los días y las noches) y estacional. El ser humano es un reloj de sol viviente. El metabolismo general es máximo en verano y mínimo en invierno. La acidez gástrica alcanza su punto álgido en invierno.

La úlcera duodenal se desencadena sobre todo en mayo y en noviembre.

La función hepática impone una regularidad de reloj para las comidas. Penaliza con migraña a LYCOPODIUM cuando no respeta la hora de comer.

Los trastornos del hígado pesan sobre el psiquismo. Engendran miedo a vivir, a carecer de dinero para sus allegados o para sí mismo. No se está lejos de la depresión, que se acompaña a veces de una fijación feroz.

El hígado, con su *ciclotimia* (cambios de humor) de cólera y depresión, puede hacer desviar la ansiedad hacia la actitud maníaca, con euforia transitoria y caída desesperante hacia el fondo del abismo.

El hígado se beneficia de una prodigiosa capacidad de reparación, es el único órgano que se regenera. Tras la pérdida del 75% de la masa hepática, se produce una regeneración completa del hígado en un plazo de:

- *8 semanas en el perro*
- *3 semanas en la rata*
- *4 meses en el hombre.*

El hígado tiene como función secretar la bilis. Si esta producción es insuficiente, los síntomas no se hacen esperar: diarrea, lengua sucia y pesadez de estómago, como indican los globos oculares.

El hígado con insuficiencia

La homeopatía despierta al hígado de la pereza y del entumecimiento psíquico, sus acusadores.

• CHELIDONIUM (la gran celidonia) corrige la lengua amarilla, pastosa y con sabor amargo así como el hígado grande. Se siente un dolor de espalda en el omóplato derecho. La piel adquiere un tinte amarillento, la orina es oscura, y las heces, amarillo claro. Si la migraña se localiza encima de la órbita derecha, su hígado perezoso lo vuelve indolente, torpe y sin capacidad de reacción.

• CARDUUS MARIANUS (el cardo mariano) es un maravilloso recurso de la naturaleza. Trata la estasis de la *vena porta*, este gran canal que conduce al hígado. La vena porta es la unión de las venas esplénica y mesentérica, y asegura el retorno de la sangre que viene del aparato digestivo. Su final se encuentra en el hígado. Plenitud, gusto amargo y cefalea son los síntomas más frecuentes. El estómago parece repleto, y resulta molesto descansar sobre el lado derecho, un poco como LYCOPODIUM.

• CHIONANTHUS conviene a quienes presentan un tinte amarillento y las heces descoloridas. Esta sensación de «demasiado lleno» aparece tras una comida insignificante. La pérdida de peso indica una afección más grave.

• PTELEA es un grado avanzado de PULSATILLA. Una comida verdaderamente insignificante no consigue pasar. La intolerancia a las grasas y a la mantequilla es total. La ictericia amenaza.

El cuerpo adelgaza y la imagen se resiente. Ningún alimento los atrae.

Frente a los síntomas de estos dos últimos remedios, es indispensable la consulta al médico homeópata para no pasar por alto una enfermedad grave. Son remedios de primeros auxilios.

• SEPIA está evidentemente cerca. Además de su intolerancia a la leche, este gran remedio sufre náuseas frente a los olores de la cocina, y su irritabilidad le hace buscar la soledad.
• NUXVOMICA y LYCOPODIUM son fotografías del sufrimiento de la célula hepática, con su psiquismo matinal desabrido y, sobre todo, su comportamiento (véase el capítulo «La vida en retratos» y el índice de medicamentos, al final del libro).
• BRYONIA es un remedio pasajero que corresponde a la sequedad de boca, con una sed febril de grandes cantidades de agua y su consecuencia comportamental: irritabilidad, mal humor y deseo de quedarse inmóvil, replegado sobre sí mismo. Tener mucha sed es signo de BRYONIA.

Hígado y migraña

El hepatismo fue muy importante a principios del siglo XX. La migraña hepática fue tan discutida como el dolor del mismo nombre. La ablación de la vesícula nunca detuvo la carrera del migrañoso. Algunas litiasis (depósito de «piedras», es decir, cristales) vesiculares voluminosas son indoloras, sin síntomas, sin resonancia digestiva. Es el caso, especialmente, del carbónico. El fosfórico se quejará de mil males por un discreto trastorno biliar. La homeopatía puede dar el tratamiento personalizado que proporciona alivio.

La psicosomática de la función hepatobiliar es menos expresiva que la patología del colon. Las experiencias sobre la secreción biliar muestran que la cólera inhibe la producción de bilis en NUXVOMICA, CHAMOMILLA y COLOCYNTHIS, mientras que la alegría o la ansiedad la aumentan.

La vesícula biliar, órgano de decisión, inspira el acto voluntario (en Oriente, se dice de un hombre valiente que tiene una gran vesícula). Por lo tanto, la colecisfectomía (extracción de la vesícula) entraña la pérdida del poder de decisión, como se puede observar en IPECA.

La lentitud de la secreción biliar provoca una lentitud en la digestión y actúa tanto sobre la psique como sobre el cuerpo, provocando amargura, sed, mal estado de la lengua y un intelecto lento que siente repugnancia frente a la acción.

Aún será peor si se mezclan almidón, pan y patatas. Evite mezclar demasiados alimentos diferentes en la misma comida. El clásico bistec con patatas fritas encarna esta nefasta alimentación.

Un derrame biliar puede traducirse en urticaria o diarrea, e igualmente en una migraña. PODOPHYLLEUM y CROTONTIGLIUM calmarán estas manifestaciones.

Al lado de la verdadera migraña, coexisten situaciones de sobrecarga en los epicúreos y los impenitentes del consumo.

- NUXVOMICA se siente pesado y malhumorado después de las comidas. Está soñoliento y su humor empeora si no duerme una pequeña siesta.
- SULFUR es rico en colores, sudores y picores. Se intoxica alegremente en una jovialidad sin par.

Pero la sorprendente resistencia de estos dos tipos de hepáticos, su apego a la realidad, su energía y su amor rabelesiano por la vida los ponen a cubierto de las penalidades.

• PULSATILLA y SEPIA, mucho menos ávidos en la mesa, llegarán a estados pseudocomatosos y a ingresos hospitalarios seguidos de largas convalecencias tras una comida frugal.

Existen medicamentos homeopáticos muy eficaces en el terreno hepático. El hígado, como siempre, dibuja síntomas y reacciones psíquicas.

• ANTIMONIUM CRUDUM asocia náuseas, cefalea y vómitos liberadores. Es el remedio del glotón, bien conocido por su rabiosa avidez. ¡Protesta airadamente cuando le retiran el plato! Es sensible a los vinos ácidos o de mala calidad —¡que bebe de todas maneras!—, sus cefaleas se agravan con el calor y mejoran cuando vomita. Si los excesos han sido numerosos y repetitivos, el remedio está indicado para las erupciones, así como para la lengua blanca. Es también el remedio de los graves excesos gastronómicos puntuales, como en Nochevieja, que pasan mal y generan molestias memorables.
• En algunos hepáticos, la planta de los pies se sobrecarga, se vuelve muy sensible, y la piel se llena de erupciones costrosas o de callosidades. Es el caso de NATRUM SULFURICUM y de GRAPHITES.
• BRYONIA es el representante de la gran migraña hepática, acompañada de estreñimiento. Su agravación por cualquier movimiento, comprendidos los globos oculares, es una indicación de altas diluciones (15 o 30 CH). No puede mover los ojos más de un grado, a la izquierda o a la derecha.

• LAC DEFLORATUM, la leche descremada, corresponde a sujetos más migrañosos, con un dolor que se localiza siempre en un solo lado. Parece más eficaz en diluciones muy bajas, 3 CH, en el estreñimiento que produce dolor de cabeza. Este remedio desbloquea las heces y el sufrimiento cerebral.
• IRIS VERSICOLOR padece una migraña más periódica que se acompaña de problemas visuales, gastralgia, ardor esofágico y náuseas. Sobreviene sobre todo los días de reposo o los fines de semana.
• SANGUINARIA CANADENSIS es un remedio inigualable en el ámbito hepático. Es el fiel tratamiento de la protesta hepática. La cefalea mejora al vomitar. Se conocen todos los efectos secundarios del laboratorio del hígado; aquí se reúnen todos. El cortejo de alternancia entre estreñimiento y diarrea, el asco por las grasas y las cefaleas que parten de la nuca para fijarse sobre el ojo derecho, con tendencia a aparecer de manera periódica. Pero SANGUINARIA corresponde también a problemas arteriales y venosos originales. Las migrañas son, como es sabido, congestivas por aumento del calibre del vano en un cráneo poco extensible. Esto produce la terrible migraña, debida a la *serotonina* (hormona responsable de esta dilatación).

SANGUINARIA acompaña a la menopausia y a sus problemas vasomotores. Aparecen presiones o *acufenos* (ruidos sin causa) en los oídos. Son los sofocos congestivos de la menopausia. En las mujeres, el flujo abundante mantiene el equilibrio; si es insuficiente, produce erupciones acneicas; si está ausente, provoca ruidos en los oídos con rubor importante en las mejillas, pies calientes que buscan la parte fresca de la cama e hipersensibilidad a los ruidos y a los olores. La persona está ansiosa e irritable al despertar y no puede soportarse.

SANGUINARIA conviene a las personas que se quejan siempre de algo: un punto caliente se apaga, otro se enciende. La queja del paciente forma parte de un repertorio muy amplio y puede provocar la lasitud del médico, que llega a la fatalista conclusión de que se trata de un problema psicosomático.

Son las sutilezas del repertorio homeopático que individualiza las sensaciones y ofrece una llave de ajuste a estas quejas inestables.

Todos los medicamentos que acabamos de ver, si no hay otra indicación, deben tomarse a 5 CH, 3 gránulos 3 veces al día, al menos media hora antes de las comidas en período de crisis.

Las plantas también

En el dominio hepático en general, hay que lamentar que los médicos no se interesen por la eficacia de las plantas. El vegetal ha evolucionado, se ha adaptado. El ser humano debería conocer esta opción terapéutica si no le convence la dependencia química. Se producen 800 casos de muertes al año debido a los antiinflamatorios y varios miles de casos de hemorragias digestivas (*Lancet* y *British Medical Journal*).

Existe una ciencia botánica física pero también afectiva de la planta, que fue, al principio, la gran reserva de los remedios homeopáticos, pero también su escolta benefactora. Se puede leer sobre el tema el libro del doctor Bernard Vial, *Botanique medicale* (ediciones Similia). La riqueza de la planta es inseparable de la existencia terrestre, es un símbolo farmacológico privilegiado. La planta desintoxica y actúa sobre los emuntorios del cuerpo humano mediante una acción de **drenaje**.

La *gemoterapia* es una terapia vegetal particular. Utiliza plantas embrionarias frescas (yemas, pequeños brotes, pequeñas raíces) diferentes de los extractos y de los polvos preparados a partir de plantas secas. Apela al potencial energético de estos tejidos embrionarios. Estos productos de gemoterapia son ricos en sustancias de crecimiento, gibelinas y auxinas, activas sobre los órganos que deben estimular. Son particularmente interesantes en el terreno hepático.

• FICUS CARICA (la higuera). Es el jugo vital ligado a la fecundación. Es activo en la gastritis, la dispepsia y la úlcera de estómago.
• ROSMARINUS, el romero, es conocido como *colagogo* (estimulante de la producción de bilis) y *colerético* (mejoría en la expulsión de bilis al intestino).
• JUNIPERUS (el enebro) desintoxica el hígado y el riñón desfallecientes. Las bayas de enebro eran famosas antiguamente por sus curaciones milagrosas. En Alsacia, reunía a los niños alrededor del plato tradicional de la cocina familiar (la *choucroute*).
• ACER CAMPESTRIS (el arce) frena la precipitación y los microcálculos de una bilis saturada de colesterol.
• JUGLANS (el nogal) actúa contra el meteorismo postprandial.
• VACCINIUM VITIS IDEAEA (el arándano) es un valioso remedio contra el estreñimiento espasmódico crónico. Mejora el hígado y también la visión de quienes no ven bien.
• SALVIA reconcilia al hombre con su propia naturaleza y le permite encontrar sus límites.

Los productos de gemoterapia se toman en macerado glicerinado 1D (un decimal), lo cual hay que detallar al farmacéutico junto con el nombre latino de la planta, a razón de 50 gotas en un gran vaso de agua, dos veces al día. Tienen el mérito de evitar la susceptibilidad del estómago a las soluciones alcohólicas. No mezcle nunca en el mismo frasco macerados de plantas diferentes.

La hepatitis vírica

No pasa un día sin que se reactualicen los datos sobre esta enfermedad. Las variedades de virus (A, alimentario; B, parenteral, a menudo encontrado en los hospitales; C, transfusional) llaman la atención sobre el aumento de riesgo en los inmunodeprimidos, los hemodializados y el personal hospitalario, así como sobre la temible concomitancia en los transfundidos seropositivos.

El **virus de la hepatitis A** es resistente al calor y a los ácidos. La inactivación del virus puede obtenerse por calentamiento en el agua hirviendo durante 1 minuto. El período de incubación es de 4 semanas aproximadamente. Este virus se transmite por vía oral-fecal, y se ve favorecido por la mala higiene y la superpoblación. Los viajes a las regiones endémicas son una fuente habitual de infección. Pero el restaurante de la esquina, con su higiene dudosa, ¡también puede transmitirlo!

El **virus de la hepatitis B** es más grande porque su concentración de antígenos y partículas virales es considerable. La vía de transmisión de la hepatitis B puede ser percutánea (menos del 40%) y/o transfusional. Se dice que algunos líquidos orgánicos (esperma y saliva) son contaminantes.

El riesgo de cirrosis o de carcinoma inherente a la hepatitis B es, por supuesto, proporcional a la coexistencia con el alcoholismo.

Los homeópatas se oponen a la vacunación contra la hepatitis vírica y remiten al ejemplo de Alemania, donde únicamente se vacuna al personal hospitalario.

El **virus de la hepatitis C** es postransfusional, y sigue siendo un problema médico importante. El riesgo de hepatitis vírica después de una transfusión de derivados sanguíneos depende de su preparación. La hepatitis es, en el 5 a 10% de los casos, una hepatitis transfusional, e, inversamente, la hepatitis representa el 90% de las fuentes de contaminación médica o quirúrgica.

Los síntomas

Los principales síntomas son anorexia, náuseas, cefalea, inapetencia hacia el tabaco, cansancio generalizado y estado pseudogripal leve con repugnancia por la carne y los olores, acompañado a veces de vómitos.

Puede aparecer dolor muscular o articular, así como orina oscura que precede a la aparición de la ictericia (coloración amarilla de la piel por el paso de la bilis a la sangre).

La incubación de una hepatitis postransfusional puede variar de dos semanas a seis meses. Aparece un dolor en el hipocondrio derecho (parte del abdomen situado bajo las costillas, a la derecha).

Se puede constatar una hipertrofia del hígado o del bazo. La bilirrubina (pigmento) urinaria precede a la bilirrubinemia (presencia del pigmento en la sangre).

Las transaminasas GPT, superiores a las GOT, sobrepasan la tasa de 300 a 500.

Los antígenos AgHbs y AgHbe son los indicadores de producción viral. Los anticuerpos anti-Hbs, anti-Hbe y anti-Hbc aparecen tras el comienzo de los síntomas. Anuncian el comienzo de la convalecencia o se mantienen como testigos de una afección de por vida.

El Profesor Quilicini provocó, en un cobaya, una ictericia experimental por completo comparable a la hepatitis A. Los resultados sobre las GOT y las GPT con CARDUUS MARIANUS asociado a PHOSPHORUS dieron resultados espectaculares, que se comprueban cada día en los pacientes tratados por médicos homeópatas. Testimonio del poder real de lo infinitesimal.

Más delicada es la terapéutica de las hepatitis B y C. Incierta, delicada y costosa, y desemboca en un tratamiento con interferón para las afecciones virales. Actualmente, se evalúa su utilización en las lesiones de hepatitis B crónica.

¿Qué puede hacer la homeopatía?

La información sigue siendo clínica, funcional y anatomopatológica. La realidad del sufrimiento hepático y su evolución se vuelven aparentes y objetivos para el médico.

Los focos combatidos permiten la supervivencia y, sobre todo, el alivio de todas las situaciones de molestia en la vida cotidiana de estos pacientes.

Los ojos amarillos

La afectación de la *esclerótica* (parte de la membrana que protege el globo ocular) y luego de la piel, aparece al mismo tiempo que la ictericia por difusión de los pigmentos biliares.

La homeopatía dispone en este caso de CHIONANTHUS, CHINA, CARDUUS MARIANUS y PODOPHYLLUM al mismo tiempo que de grandes policrestos: LYCOPODIUM, PHOSPHORUS y VIPERA.

El deseo de acidez

Este deseo, en la hepatitis, orienta hacia varios medicamentos como PODOPHYLLUM, PTELEA o BRYONIA (sed de gran cantidad de agua).

Hipersensibilidad a los olores

Orienta y condiciona el asco por la comida en COLCHICUM, CHINA, LYCOPODIUM y NUX VOMICA.

Un pulso lento

Se constata a veces una lentitud del pulso arterial, que indica estasis portal y disminución del flujo en el laboratorio hepático.

Los medicamentos homeopáticos indicados son entonces IBERIS AMARA y DIGITALIS, así como la indispensable MURICA CERIFERA.

La piel pica

Es síntoma de retención de sales biliares en los tejidos. El tratamiento comprende generalmente DOLICHOS, JUGLANS y CHELIDONIUM.

La pérdida de apetito

La pérdida de apetito es leve en el caso de la hepatitis pero, si se muestra importante, se utiliza CHINA y MAGNESIA MURIATICA, con el trío de soporte ANGELICA ARCHANGELICA, QUASSIA y COLUMBO (estos últimos a 1 D, un decimal) que son la alegría de las madres cuyos hijos no comen bien.

Las náuseas

Es frecuente en la hepatitis y se trata sobre todo con IPECA, RICINUS y LAC DEFLORATUM. Si se acompaña de diarrea, RICINUS; de estreñimiento, MAGNESIA MURIATICA, NUX VOMICA y LAC DEFLORATUM; de jaquecas, SANGUINARIA y LAC DEFLORATUM.

Los dolores articulares

Representan, de hecho, un reumatismo que precede a la ictericia de tipo alérgico.

Los medicamentos utilizados más frecuentemente son MANDRAGORA, BRYONIA y NATRUM SULFURICUM.

Es evidente que usted no puede curarse por sí mismo de una hepatitis. Pero estas indicaciones muestran que la homeopatía es preponderante en el tratamiento de esta grave enfermedad. Actúa sobre los síntomas y restablece el equilibrio drenando y estimulando. Sin embargo, usted puede calmar una manifestación desagradable mientras espera la consulta, con el medicamento que le parezca más adecuado a 5 CH, 3 gránulos antes de las comidas.

La depresión

No es un simple abatimiento general: el laboratorio hepático altera y degrada la psique, estimula la melancolía y el humor sombrío.

Los medicamentos clásicos son LYCOPODIUM y AURUM, pero sobre todo NATRUM SULFURICUM, que encuentra aquí un lugar especial para estos melancólicos agobiados por la depresión matinal (¡todo un día que vivir!), hipersensibles a la música y curiosamente aliviados por la evacuación intestinal.

Se puede añadir una organoterapia (hígado, páncreas y vesícula biliar) específica que elegirá el médico para estimular y reparar el órgano enfermo.

La homeopatía actúa sobre la pérdida de capacidad de decisión, de la acción voluntaria, del coraje y la autoridad, sobre la pérdida del impulso vital y la aprensión frente a la acción, signos de una melancolía crónica tan significativa como las transaminasas.

Hepatitis tóxicas y medicamentosas

El hígado es el órgano más frecuentemente intoxicado por inhalación o ingestión de cierto número de agentes medicamentosos o químicos.

Para remontarse a las fuentes de la exposición, el médico debe saber preguntar y detectar las anomalías hepáticas y sanguíneas.

El hígado puede recibir venenos, pero también puede elaborarlos por sí mismo. La respuesta no es forzosamente proporcional a la dosis, porque los umbrales son variables según el individuo (el fosfórico cae rápidamente; sin embargo, el carbónico absorbe de manera regular y lenta durante años múltiples venenos antes de manifestar los primeros trastornos).

Los anticonceptivos orales con componentes estrogénicos o protestágenos pueden alterar la función hepática. Sus antídotos homeopáticos se llaman PULSATILLA *y* LYCOPODIUM.

El diagnóstico medicamentoso es siempre de presunción, ya que resulta difícil establecer una relación de causa a efecto y dominar las asociaciones de diversos medicamentos.

Algunas sustancias, inicialmente carentes de toxicidad, pueden potenciarse y engendrar efectos perjudiciales: son verdaderas «asociaciones de delincuentes». No hay tratamiento, excepto la evicción, ya que sería añadir un efecto terapéutico químico sobre otro, sin gran fortuna.

Por suerte, el trío PULSATILLA, LYCOPODIUM *y* NUXVOMICA *a* 5 CH, *así como los drenajes fitoterapéuticos, pueden corregir perfectamente estas intoxicaciones solapadas.*

No hay que ignorar un remedio al alcance de todos: el paracetamol, que se compra sin prescripción médica. Diversos especialistas pueden prescribirlo para los dolores crónicos del paciente, y la suma puede volverse peligrosa. Otros medicamentos utilizados en la enfermedad de Parkinson pueden producir una hepatitis crónica tóxica.

Un medicamento antituberculoso, la *clorpromazina*, puede desencadenar una *colostasis* (interrupción del flujo de bilis).

Ciertos medicamentos empleados para tratar las alteraciones del ritmo cardíaco o los anticonceptivos orales de larga duración provocan reacciones de colostasis intrahepática, con prurito e ictericia. Se trata de acumulaciones de bilis en los pequeños canales del hígado con retención de bilirubina (pigmento de color amarillo). Si bien los estrógenos son la causa, el progestágeno asociado a la píldora también puede estar implicado.

Las lesiones hepáticas se observan también más allá del hígado, consecuencias lejanas pero muy presentes. Son las varices y el dolor de cabeza, unos signos que implican situaciones que hay que analizar: la prescripción de un medicamento cómodo no es un acto inocente, sobre todo si se alarga en el tiempo y provoca dependencia. El uso de la píldora no carece de efectos secundarios y, cuando intervienen aspectos económicos, se corre el riesgo de producir píldoras accesibles y baratas con un grave peligro para la salud.

Pero hay un enemigo temible que está presente en los trastornos del hígado: el alcohol, que provoca también otras alteraciones en el organismo.

Demasiado alcohol

Los estragos del alcohol pueden alcanzar a una gran parte de puntos del cuerpo, donde esta droga deposita su marca sin excepción. La problemática es siempre misteriosa en su enfoque social, ya que este consumo se ha convertido en una obligación sociocultural: la sociedad alcohólica es admirada; hoy es más raro un abstemio que un bebedor. Las reuniones son más interesantes entre bebedores; las ideas de trabajo y las dificultades los acercan, encuentran más cosas que decirse que los bebedores de tisanas...

No hay más que ver los bares donde los SULFUR, con el rostro colorado y la copa acabada, encuentran a los LACHESIS, con vaso y verbo fácil: arreglan el mundo alegremente alrededor de una mesa y tienen en sus carteras los proyectos sociales para el gobierno e incluso para el equilibrio geopolítico del planeta.

El enfoque del exceso de bebida está lleno de mentiras en el carbónico SULFUR, cuando aparecen los problemas de salud: su cabeza de Baco puede descubrirse a veinte leguas a la redonda, incluso con niebla.

Si bien el médico homeópata puede hablar de ello, no debe instituirse en predicador ex cátedra, porque es frecuente que el facultativo hable de enfermedades sin haber experimentado jamás sus síntomas.

En todos los países, las estadísticas muestran que todo el mundo está implicado en el problema: las mujeres, las viudas, las solteras, los adolescentes que quieren parecer adultos antes de tiempo, etcétera.

Una realidad difícil

El diagnóstico clínico propone un acercamiento difícil de la problemática del sujeto, porque pone frente a frente al médico, que detenta el saber, y a ese otro ser agobiado por las debilidades y la miseria. Si se supiera por qué se bebe, no se bebería ni habría dependencia alcohólica.

El médico está investido de un poder frente al paciente. Suponer que se trata de un coloquio entre un sujeto normal, el médico, y un sujeto anormal, amenazado por gran número de sanciones administrativas (retirada del permiso de conducir, etc.), es falso.

Es absurdo creer que la consulta es la frontera entre el hombre sano y el hombre enfermo.

Se comenzará por enviar informaciones falsas. A la pregunta «¿cuántos?» le sucede la respuesta: «uno o dos vasos de vino tinto o de denominación de origen, y ni siquiera todos los días». ¡Absurdo interrogatorio a un alcohólico!

El médico alópata conducirá la terapéutica con soluciones estereotipadas: receta de un calmante para los temblores, tranquilizantes para la ansiedad y antidepresivos para el humor, y he aquí a nuestro enfermo condenado a curarse... y a convertirse en un enfermo de otra naturaleza, como esos enfermos con parche de nicotina que transfieren sus síntomas y se descompensan por otro lado. Los Alcohólicos Anónimos lo han comprendido, trabajan y se ayudan entre ellos, y raramente recurren a los médicos.

El médico homeópata tiene otras ventajas: nunca ha recibido poderes de la administración, no dirige una cura hospitalaria «con recaída rápida», y no sanciona, sino que más bien al contrario, pretenden sancionarlo.

Esta humildad lo coloca en una mejor posición de observador y terapeuta. Trata de individualizar la complejidad del otro, sabiendo que el alcohol no afecta a todo el mundo de la misma manera.

• GELSEMIUM bebe un vaso de cerveza para darse coraje y se siente totalmente culpable, hasta el punto de querer entregarse en la comisaría más cercana.

• LACHESIS vaciará dos tercios de una botella de whisky y desarrollará el más espléndido discurso sobre política, sociedad o filosofía, sin dar en absoluto la impresión de que su tasa de alcoholemia vale la retirada de varios puntos en su permiso de conducir.

El médico tiene la costumbre de preguntar «¿cuánto?» en una sociedad donde «¿cuánto?» es la prioridad de la competitividad social. Nuestro hombre no está entre los ganadores y nos lo hace saber.

Algunos homeópatas con infinitesimalidad ingenua y rudimentaria llegan a prescribir VINUN RUBRUM 7 CH, como algunos prescriben con ingenuidad ISO NICOTINICUM ACIDUM 7 CH.

Los pasos terapéuticos

Se recetan en primer lugar medicamentos que ayudan a disminuir las ganas de beber:

RANUNCULUS BULBOSUS QUERCUS GLANDIUM ANGELICA CAPSICUM APOCYNUM CANNABINUM	3 X, 30 gotas al despertar y antes de cenar.

CAPSICUM tiene valor, porque este sedentario obeso tiene el rostro enrojecido de los marineros, con una enorme sed y cierto ardor de estómago.

El marco constitucional

La constitución determina una relación particular con el alcohol.

• El **carbónico,** pesado y lento, puede ser el campeón del alcoholismo durante 20 años sin trastornos pues su vocación es la duración. El consumo regular se lleva a cabo sin problemas. ¡Ah, las costumbres! No se puede rechazar la copa y se entra en el juego.

• El **fosfórico** es el líder de los adolescentes o de los adultos inmaduros. El alcohol estimula la creación, la excitación, la sucesión de imágenes y ruidos. Es un romántico desencantado o un ejecutivo con gafas que se vuelve un actor frustrado con inadaptación afectiva. Su hipersensibilidad engendra fatiga y deseos de beber. Hay que saber distribuir las dosis de ARNICA a los estudiantes depresivos el viernes por la noche, para desviarlos del estimulante alcohol. Desmineralización, angustias y fobias rodean al fosfórico porque, en realidad, se trata del rey del miedo, de la patología de las percepciones y de las desesperaciones pasajeras. El alcohol le evita caer en un estado esquizoide (un poco como NATRUM MURIATICUM o incluso PHOSPHORUS).

• El **fluórico** es el candidato de elección. El alcohol genera pugnacidad, desprecio por las leyes, ciclotimia, paradojas e inestabilidad: busca la iluminación por medio del alcohol. Exalta la hipertrofia del humor, pero ¡atención con las fases depresivas! La patología se vuelve pulsional. Busca la superioridad del cuerpo y del espíritu. El delito se vuelve posible y ¡hay que proteger los talonarios de cheques! Intenta tener razón contra todo el mundo: discute y establece una relación de fuerza con odio, desconfianza y manías: una violencia transitoria exacerbada por el alcohol.

Los grandes remedios contra el etilismo

Grandes perfiles homeopáticos permiten al médico homeópata disponer de remedios clave para neutralizar el etilismo.

SULFUR es el sujeto más difícil porque es egocéntrico y hábil en los contactos afectivos. Cuando está eufórico, minimiza sus excesos, los explica, los racionaliza, afirma que puede dejarlo cuando quiera. Su imaginación es vivaz. Los proyectos prometedores son castillos en el aire. Por otra parte, si bien bebe mucho, come poco. ¡Cuidado! Se emborracha a escondidas, y su mujer, que lo ha precedido en el teléfono, alerta al médico: «Le dirá que sólo bebe un vaso o dos cuando los hijos vienen a vernos (una o dos veces al mes)...». Cuando la cabeza se aligera, se vuelve mentiroso, avaro o malgastador... Nadie como él para minimizar los riesgos.

NUX VOMICA adora los estimulantes. Es voluntarioso, está al límite de la paranoia, es generoso con los extraños y avaro con su familia. Atención con los celos y con los pensamientos suicidas. No hay que olvidar la presencia de NUX VOMICA en las comidas de negocios, frecuentes en estos sujetos sedentarios, con pesadez y somnolencia postprandial o humor agresivo.

LYCOPODIUM es el bilioso con los nervios retorcidos por las contrariedades. Posa una mirada justa sobre la vida, pero no irá lejos, porque este dispépsico rápidamente satisfecho es incapaz de convertirse en compañero de viaje de NUX VOMICA.

LACHESIS. El alcohol duplica sus fuerzas. La mujer aparece con su mejor aspecto por la noche, con esa libertad y esa sed de vivir que suceden a las obligaciones laborales. Con el alcohol, este personaje poderoso, bien dotado cerebralmente, pesa sobre los demás o contra ellos. En el plano físico, se observan varicosidades, grandes suspiros, ansiedad y dolor de cabeza al sol (a causa del alcohol). LACHESIS tiene muchas cosas que decir sobre todo el mundo, porque por la noche es una hiperactiva de palabra fácil. Con la oreja pegada al teléfono móvil, mantiene largos discursos, mucho más que por la mañana. LACHESIS adora todas las bebidas alcohólicas: cerveza, vino o whisky; probablemente, por melancolía y disgusto de la vida, para olvidar sus penas sentimentales y sus celos (cósmicos, shakespearianos).

PHOSPHORUS. El fósforo forma parte del núcleo de las células del sistema nervioso; el hígado y el riñón se vuelven vulnerables a causa del vino, ansiolítico mayor en su caso. Puede pasar de una fase depresiva a una fase de sobreactividad intelectual. La llama se busca, se enciende y se apaga. Es un altruista frágil que necesita un marco sólido. ¡Atención a las borracheras del sábado por la noche! Este día, el alcohol tiene carta de nobleza, porque estimula las facultades creativas de la adolescencia y permite que los fantasmas huyan.

CAUSTICUM. El perfil de este sujeto abriga singulares complejos: es débil y siente miedos. Tiene ideas negativas (va a ocurrir una desgracia). Pensar en sus desdichas lo desespera, pero se siente mejor cuando piensa en los demás.

Es el remedio de las personas que beben tras la desaparición del ser amado y lanzan llamadas de auxilio mientras lloran. Si son solteros o viudos, la continencia coexiste con la bebida. Pero su margen de altruismo los respalda: «Doctor, lo he comprendido, se acabó, no bebo más, tengo que dejarlo por mis hijos y por mi trabajo».

Frente a la patología debida al alcohol, el homeópata tiene una gran capacidad de escucha, pero pocos medios sociales para asistir al enfermo porque no está integrado en el sistema social. Está en el mismo barco que el enfermo, sin cura hospitalaria para aliviar las crisis de delirio.

El destete alcohólico se realiza con preparaciones de:

CAPSICUM 5 CH
RANUNCULUS 5 CH
SPIRITUS QUERCUS 5 CH

Además, conviene seguir rigurosas precauciones de empleo: tomar una pastilla con el desayuno (administrada por la persona que comparte la vida con el paciente) y evitar, en las otras comidas, cualquier combinación alimentaria susceptible de incorporar alcohol, como ensalada con vinagre, pepinillos, etcétera.

...Y contar con el apoyo del mejor ansiolítico: GELSEMIUM.

Pero la lucha sigue siendo difícil frente a esta droga, tan dura como la heroína, la cocaína o las anfetaminas.

¿Lo ha comprendido todo? Frente a una buena comprensión de las causas, el médico puede sentirse activo. De todos modos siempre habrá más alcohólicos que ecólogos, más soñadores en busca de fantasías, más sedientos constitucionales y autodestructivos, en algún lugar.

Debo clasificar al paciente, pero dejarlo decidir solo, si no se convertirá en un enfermo mental que escapará a mis cuidados para ir al psiquiatra.

«Seno, biberón, botella» (Dr. J. Renaudin) es sin duda la búsqueda de la madre, de ese líquido amniótico que se llama alcohol.

Tú, el angustiado, tienes razón al no confiar en las instituciones para que decidan en tu lugar, al ser equilibrado en el mundo del miedo mientras tu doble, tu inconsciente sufre y sigue angustiado. Todo el mundo se parapeta en su soledad, no da amor y detesta absolutamente al otro. «No hay amor sin desesperanza de vivir», dijo Camus. ¡Tú eres mi amigo!, y yo no soy capaz de hacer tu felicidad a pesar tuyo. Tú debes seguir viviendo para alimentarte de las riquezas de la naturaleza. Debes hacer como los buenos fosfóricos que no duermen en la cama de la estadística. No mires la punta de tus zapatos, mira hacia lo alto, hacia el cielo estrellado, hacia la belleza.

El intestino que sufre

Pocos términos han conocido una fortuna tan fasta y nefasta como el término *colitis* (literalmente, inflamación del colon). Los problemas *funcionales* (es decir, el mal funcionamiento del órgano) predominan, pero el médico tratará siempre de saber si no existe también un problema orgánico (una afección, una herida del órgano como un pólipo, una hemorragia, un tumor, etc.), que no hay que descartar nunca.

En el intestino delgado, se acaba la última transformación de los elementos nutritivos.

El colon es el empleado de la aduana, el basurero que filtra al final del recorrido las basuras, por un lado, y las sustancias asimilables, por el otro.

> *Para la filosofía china, la energía que aportan los alimentos elabora la comprensión y la asimilación de las ideas; en pocas palabras, es el alimento de la mente. Según el estado de este taller, se pensará bien o se pensará mal.*

El intestino grueso, filtro depurador, ayuda también simbólicamente a eliminar los pensamientos mórbidos, esos nudos de fijación, fuentes de confusión o de depresión. Permite evacuar nuestras malas experiencias, nuestras cóleras, nuestras insatisfacciones disimuladas con un sentimiento de horizonte cerrado y de falta de esperanza.

Realizar varias deposiciones al día se interpreta, en parte, como una estimulación antes o durante las situaciones angustiosas (IGNATIA y GELSEMIUM).

En general, una mala higiene alimentaria provoca la degradación de la salud intestinal, y, como consecuencia, de la salud en general.

Flora intestinal y salud

La flora intestinal está constituida por miles de millones (200.000 millones de gérmenes por gramo de heces) de bacterias. Algunos son los llamados *saprofitos*, que son beneficiosos para nuestra salud. Permiten la síntesis de algunos nutrientes y la neutralización de los gérmenes nocivos.

En caso de desequilibrio de la flora intestinal, durante los tratamientos antibióticos, por ejemplo, estos últimos predominan y provocan problemas.

La flora es frágil, y su equilibrio depende de la duración del tránsito. Tiene lugar un equilibrio *ácido base*, que localiza la fermentación en la parte derecha del colon y la putrefacción en la parte izquierda, lo cual favorece la proliferación de los gérmenes.

Los procesos de fermentación intestinal permiten la degradación y la asimilación de los alimentos de origen vegetal; los de putrefacción favorecen la transformación de los productos animales, especialmente la carne, para la eliminación de sus desechos.

Los elementos beneficiosos de la flora sintetizan vitaminas del grupo B y vitamina K. Se habla, a menudo, de alergia a tal o cual alimento, pero se olvida tener en cuenta todos los errores en las combinaciones alimentarias que Shelton puso en evidencia.

Las proteínas asociadas a una masa de féculas y las abundantes grasas de los alimentos hidrocarbonados (pan, pastas o patatas) dan lugar a verdaderos envenenamientos por putrefacción, al liberar indol, escatol, ácido butírico y ptomaínas, todos ellos productos tóxicos. A veces, nos envenenamos nosotros mismos.

Tras la toma de antibióticos, se pone en marcha un trastorno microbiano por empobrecimiento de la flora normal y aumento de los gérmenes nocivos, con la consiguiente desaparición de las vitaminas del grupo B y, sobre todo, el predominio de un adversario temible, Candida Albicans, que pasa de un papel saprofito a la militancia activa.

Flora intestinal y estrés

En el Instituto Rockefeller de Nueva York se ha demostrado que la agitación psicológica en los animales, modifica la flora intestinal de manera duradera y permite la proliferación de estreptococos, *Clostridius, Pseudomonas, Proteus* y *Escherichia coli*, gérmenes que adquieren protagonismo.

Intestino y estados de ánimo

A través de los problemas de la flora intestinal y del intestino se dibuja una orientación psicológica. La angustia y la agresividad se traducen en un aumento de la reactividad del colon. Es la tendencia obsesiva con hiperemotividad y una tendencia mórbida a la duda. Es la preocupación constante que se encuentra en THUYA. («¿Qué me pasa? ¿Qué han encontrado en los análisis?»).

La diarrea sería una manera de ofrecer, de actuar, incluso, a veces, de castigarse.

El estreñimiento es la base del comportamiento agresivo dirigido contra el otro. Frente a una situación conflictiva, se intentará mantenerla tal cual, para soportarla, para no ofrecer nada. Como dice Alexander, «tengo que guardar lo que poseo».

Trastornos funcionales del colon

La homeopatía, consciente de la focalización psicosomática del paciente, proporciona claves y puntos comunes entre la gastroenterología y la psiquiatría, ya que toda situación tiene sus causas en problemas mayores.

Los remedios homeopáticos permitirán el retorno a la salud.

Los remedios siguientes están destinados a actuar sobre el psiquismo; se toman a 30 CH, ya sea en dosis de glóbulos (1 dosis a la semana), ya sea en gránulos (3 gránulos 2 o 3 veces al día, antes de las comidas).

SAPHYSAGRIA. El traumatismo psíquico ha provocado indignación, vejación, susceptibilidad contenida y rechazo. Es un remedio importante para nuestra sociedad, en la que el individuo se siente humillado, descalificado y brutalmente despedido (fusión o restructuración de sociedades). Se vacía el despacho de papeles y la mente de toda iniciativa.

COLOCYNTHIS. La irascibilidad y el mal humor provocan hinchazón y distensión, que se alivia doblándose por la cintura.

IGNATIA. La sensibilidad, la pena, la emotividad, el hecho de dar vueltas a las cosas y el amor desdichado ocupan cada centímetro de su cuerpo. Se encontrará sin esfuerzo el núcleo femenino de la queja de IGNATIA: el vientre y el ombligo, donde los sentimientos y la ira se depositan y protestan simbólicamente.

Estos elementos representan las claves de las situaciones bloqueadas; todo producto antiálgico que no tenga en cuenta las causas, será ineficaz. Desgraciadamente, en la práctica se pueden tener buenas intenciones que no llegan al centro del problema si no se utilizan estos tres remedios homeopáticos.

Colon derecho ascendente

Es una región amplia, donde se realiza la reabsorción del agua y las sales minerales. Es un lugar a menudo doloroso y, a veces, marcado por una intervención de apendicitis.

Los medicamentos deben adaptarse a los síntomas.

• Si el tránsito es lento, BRYONIA o CHELIDOMIUM serán los indicados.
• En caso de diarrea, NATRUM SULFURICUM, PODOPHYLLUM, ALOE VERA y CUPRUM METALLICUM sobre un fondo de espasmofilia digestiva.
• Una sensibilidad en la zona del apéndice, que hay que interpretar en su expresión psicosomática antes de enviar al enfermo al cirujano, se trata por lo general con IGNATIA. Pero el médico deberá verificar los leucocitos y los polinucleares para descartar la presencia de una verdadera apendicitis.
• Las heces amarillentas orientan hacia CHELIDONIUM y PODOPHYLLUM, pero el dolor requiere COLOCYNTHIS, en una persona sujeta a la ira, y MAGNESIA PHOSPHORICA o IGNATIA, si la afectividad entra en juego.

Se tomarán los medicamentos a 5 o 7 CH. Pero la automedicación presenta sus riesgos y debe ser sólo puntual. La consulta al homeópata es indispensable.

Colon espasmódico

La alopatía habla de colon irritable. Esta hiperactividad real está ligada al estrés, en un sujeto hiperemotivo, obsesivo y con tendencia mórbida a la duda. Esta tendencia a los espasmos, imagen de una tensión defensiva o agresiva, constituye la verdadera enfermedad del mundo industrializado.

En el hombre, se encuentran dificultades de adaptación profesional; en la mujer, rasgos autoritarios defensivos, rigidez, introversión y a veces, un superego (conjunto de las prohibiciones de la infancia) rígido. Todos los esfuerzos de adaptación pueden conducir a la hipocondría o a la depresión reactiva.

El colon espasmódico provoca dolor y diarrea, que se pueden tratar con GELSEMIUM o IGNATIA, o incluso con STAPHYSAGRIA. La diarrea por dimisión en una persona que presenta la piel y los cabellos grises se trata con PHOSPHORICUM ACIDUM.

Para los espasmos de los descontentos y reivindicativos, siempre en el ámbito sintomático, los remedios serán COLOCYNTHIS, CHAMOMILLA, CUPRUM y RHEUM, este último en el niño caprichoso e impaciente.

Tomar los medicamentos a 5 o 7 CH, 3 gránulos 2 a 3 veces al día, siempre con la misma reserva: es indispensable la consulta para descartar cualquier riesgo de afección orgánica.

La espasmofilia digestiva

Es una enfermedad de lo más actual. Un verdadero síndrome del absurdo, a veces difícil de diagnosticar, que se explica por los mensajes entre el *hipotálamo* (glándula situada en la base del cerebro y centro de las emociones) y el cuerpo. Esta información va siempre mezclada con reminiscencias de traumatismos acaecidos durante la vida. En las compañías ferroviarias, existen estaciones de cruce; en el cerebro, esta encrucijada es el hipotálamo. En la mente del paciente con espasmofilia, el hipotálamo efectúa una selección de las emociones, se atasca y provoca una resonancia humana exacerbada.

En alopatía, tras la prescripción de calcio o de magnesio, se inclinan hacia las benzodiazepinas de uso limitado. Pero, de hecho, nadie pone verdaderamente un límite a este consumo, tanto más cuanto que la realización personal se vuelve aleatoria en una sociedad que desvaloriza, desplaza y amplía el desfile de «parados».

Los espasmofílicos digestivos ansiosos e hipersensibles se vuelven de convivencia difícil y arruinan el equilibrio con la pareja o con el entorno familiar. Alternan estreñimiento y diarrea, sienten una opresión torácica que hace pensar en problemas coronarios y, a veces, presentan intolerancias alimentarias contradictorias: los alimentos más ligeros se vuelven indigestos algunos días, y los platos supuestamente pesados se aceptan bien otras veces, como en el caso de IGNATIA. En el fosfórico, la angustia visceral surge pronto y con fuerza, es el campeón de las gastroenteritis. Los temperamentos ácidos (véase página 96) se sienten invadidos por la ansiedad, son intolerantes frente a la injusticia y expresan sin contención las emociones del día.

• CUPRUM es el principal remedio de la espasmofilia digestiva: actúa sobre la hiperexcitabilidad neuromuscular. La espasmofilia se acompaña de calambres en las pantorrillas por la noche y de espasmos en otros músculos motores, con un hipo impresionante. El signo de Schovsteck permite detectar la espasmofilia: es la contracción involuntaria de la mejilla provocada por el martillo de reflejos. La diarrea es frecuente, con una extrema sensibilidad del vientre al tacto y constantes borborismos durante el sueño. Estos pacientes presentan, curiosamente, una intolerancia a todos los remedios alopáticos y homeopáticos. Heridos en el alma con reacciones exageradas, se despiertan más cansados que cuando se acostaron y presentan desfallecimientos durante el día. Son competitivos en la acción, pero se hunden en cuando terminan el trabajo.

• COLOCYNTHIS es adecuado para los que sueñan con ser los justicieros exterminadores y anarquistas, con ejecución inmediata.
• CHAMOMILLA tiene el perfil de los impacientes, muy intolerantes con los demás.
• NUX VOMICA para quienes asumen responsabilidades de jefe y se vuelven autoritarios cuando están estresados.
• STAPHYSAGRIA se aconseja a quienes han sufrido traumatismos afectivos que no han podido digerir.
• IGNATIA aspira a una dulce armonía en la tierra, sin duelos ni tristezas.

Si bien CUPRUM sigue siendo el gran remedio de la espasmofilia digestiva, puede completarse con otros medicamentos homeopáticos, según los síntomas. Hay un abanico de síntomas en la crispación espasmódica de los tiempos modernos.

• En caso de espasmo de los párpados, CROCUS SATIVUS
• En caso de crisis de cólera, CHAMOMILLA y COLONCYNTHIS.
• Para las personas agotadas, ARNICA, y si se desvanecen a menudo MOSCHUS.
• En caso de angustia inmotivada con fobia al espacio cerrado y a las alturas, ACONITUM NAPELLUS.
• En caso de diarrea con agotamiento y frío intenso generalizado, VERATRUM ALBUM y CAMPHORA.

En todos los casos en que el componente psicológico sea importante, el remedio puede tomarse a 9 o 15 CH. Pero es el médico quien determinará la dilución y el intervalo entre las dosis.

La colitis por putrefacción

Un nombre desagradable para un trastorno frecuente, localizado en la parte izquierda del colon. Aquí, las heces son oscuras, alcalinas y con poca flora, o sea, con olor. El estreñimiento se alterna con la diarrea. Con PODOPHYLLUM, se puede regular la secreción biliar y la irritación del duodeno y del intestino delgado, así como del *recto* (segmento terminal del colon); también se puede corregir el *prolapso* rectal (salida del recto exterior). Es el remedio de los bebés que sufren gastroenteritis en verano.

El tratamiento puede completarse con BRYONIA, BELLADONNA o COLOCYNTHIS si se trata de calmar el dolor poniéndose boca abajo (pero cuidado con los dolores cervicales debidos a la postura).

A 4 CH, PODOPHYLLUM atenúa la diarrea, y a 9 CH, elimina el obstáculo de un estreñimiento reactivo. Se toma a razón de 3 gránulos antes de las comidas y más a menudo en períodos de crisis.

La colitis mucomembranosa

Es una falsa diarrea sobre un fondo de estreñimiento. Temible síntoma: en los países cálidos, se trata de la diarrea llamada «de turista» (debida al cambio de alimentación), y vuelve imperativa la repatriación al país de origen. La emisión de heces líquidas puede hacer ignorar el estreñimiento.

Lo que caracteriza a este tipo de *colitis* (inflamación de la pared del colon) es la eliminación de falsas membranas y segmentos grandes de moco, lo cual muestra que existe una capa de moco en la superficie. Su secreción aumenta en las personas alérgicas.

Los medicamentos homeopáticos responden bien ante este tipo de colitis.

• HYDRASTIS corresponde a una atonía intestinal, con inflamación crónica y rechazo de los alimentos, el pan y las féculas que orienta al médico hacia el colon. Las heces son duras y recubiertas de una mucosidad amarillenta con aspecto de diarrea, lo que inquieta al paciente, habitualmente afectado por el estreñimiento.

• GRAPHITES. El carbón mineral es valioso en la función abdominal. Este remedio es adecuado para un sujeto un poco pesado, grueso, con aspecto de «ciudadela» o de «fortaleza en la arena», lento y con trastornos de la memoria de los acontecimientos recientes. El metabolismo es deficiente, la piel no transpira y por tanto no hay eliminación. Es dura, agrietada, gruesa y con erupciones húmedas. GRAPHITES es el primer remedio del eczema del pliegue del codo en el niño. En el adulto, las uñas se vuelven quebradizas, agrietadas, deformadas y encarnadas, y la piel de la planta de los pies se endurece. En la mujer, generalmente de piel blanca, aparece bajo el seno un surco rojo de dermatitis. Los cabellos están secos, grisáceos y duros, su caída denota un mal estado cutáneo y endocrino. Las heces son voluminosas, en acúmulos y contienen moco. Las reglas son escasas y la vida sexual se empobrece. Este sujeto se siente agobiado por un vacío o una ausencia de pensamientos, que le impide tomar decisiones. Esta inhibición de la que tiene consciencia engendra torpeza y ansiedad, y la música puede aumentar aún más su tristeza.

Este tipo de colitis puede deberse a una alteración de la flora intestinal, que no consigue cumplir con su trabajo, o a un desequilibrio alimentario, por ejemplo, abuso de carnes o embutidos. El medicamento debe tomarse a 5 CH.

Los perjuicios causados por los antibióticos

Es de todos conocido que los tratamientos antibióticos, sobre todo si son prolongados, alteran el funcionamiento intestinal. Por lo tanto, no hay que olvidar que las náuseas, la diarrea o el estreñimiento pueden ser de origen medicamentoso y se vuelve a la normalidad tras el abandono del medicamento. En las enfermedades más graves, la radioterapia en esta región puede provocar un desastre intestinal, con un cuadro de *rectolitis* (inflamación del colon y del recto a la vez) hemorrágica (con sangrado).

Esta colitis medicamentosa comienza durante la antibioterapia en el 40% de los casos y desaparece con ella. Es una verdadera intoxicación, que a veces viene acompañada de *hiperleucocitos* (aumento del número de glóbulos blancos en la sangre) y, a menudo, se asocia a un adelgazamiento de la pared del colon.

Existen soluciones homeopáticas que podrían completar el tratamiento antibiótico si fuera indispensable.

Los remedios indicados de esta diarrea, a menudo anaranjada, son SULFURICUM ACIDUM, PARATYPHOIDUM B y sobre todo CANDIDA ALBICANS a 5 CH.

Existe una forma grave de colitis seudomembranosa debida a Clostridium (una bacteria). En este caso, hay que suspender el antibiótico, recurrir a las ultralevaduras y restablecer el equilibrio del agua y las sales minerales.

Los divertículos

Los divertículos son pequeñas hernias de la pared del colon, que se inflaman y en las que se alojan subrepticiamente pepitas de uva o de kiwi. Estos divertículos son habituales a partir de los 60 años. La inflamación provoca dolor en el *sigmoide*, la parte curva del colon situada justo antes del recto, con escalofríos, fiebre, supuración y hiperleucoasitosis. Quienes lo sufren padecen estreñimiento habitual, con dolores y una sensación de pesadez de la *fosa ilíaca* (parte lateral baja del abdomen). Son los espasmos debidos a los divertículos, con riesgo de diarrea o hemorragia oculta o evidente y estrechamiento postinflamatorio.

Las infecciones se combaten con el oligoelemento COBRE y PODOPHYLLUM.

El medicamento homeopático para este tipo de colitis es PYROGENIUM, que corresponde a la infección del divertículo y permite la desinfección intestinal.

COLOCYNTHIS alivia el dolor, complementado por MERCURIUS y SCROFULARIA NODOSA para la cicatrización.

El colítico, ¡todo un caracter!

El carácter *psicosomático* (trastornos funcionales de origen psíquico) de los problemas del colon ha sido reconocido por la mayoría de los gastroenterólogos, atentos al estrés de la civilización y a los conflictos individuales.

El papel psicoterapéutico del propio médico es insustituible. Este tipo de paciente necesita consultas frecuentes, un tiempo de escucha y explicaciones sobre la falta de gravedad de sus problemas para calmar su obsesión por el cáncer. Es un factor terapéutico capital.

> *El médico explica que los síntomas están en relación con la contradicción, el espasmo y la secreción, ayudándose, si fuera necesario, con dibujos, para mostrar el trayecto, la anchura del colon y el origen de los dolores o de las sensaciones de hinchazón, la influencia de los gases o la dificultad de paso de las heces.*

En estos pacientes existe una relación antigua del intestino con el psiquismo, con sus raíces profundas, emocionales o conflictivas.

En el estreñimiento infantil, se produce un placer tanto por la *exoneración* (expulsión de las heces) como por la retención, por eso, tienden a controlar la función. El estreñimiento es una prueba de autonomía o de poder, un acto de autoridad frente al entorno, un gesto de soberanía. «Si no puedo esperar nada de los demás, no tengo por qué dar nada y me lo guardo todo...»

Por lo tanto, parece que la función defecatoria está ligada a un comportamiento agresivo dirigido contra los demás, y da un sentido más preciso a estas injurias escatológicas, que pueden expresarse o ocultarse. Este lazo entre psiquismo y colon se manifiesta aquí de manera particular.

Diarrea con tránsito rápido

El personaje puede ser hipocondríaco si su super-ego es rígido, dominador y si su expresión oral es débil (labio superior delgado o apretado). La diarrea se convierte en una manera de dar, de actuar, incluso de castigarse.

Antes que nada, hay que descartar la posible existencia de un *megacolon* (colon dilatado) o un *dolicocolon* (colon estrecho) que no se haya descubierto ni tratado. El perfil de este paciente es el de un psicoasténico indeciso: quiere liberarse pero seguir siendo conservador. Es indeciso porque está dividido entre las dos manifestaciones, estreñimiento y diarrea. Es hipersensible y púdico y se hunde en los desórdenes de su peristaltismo (función de contracción del intestino), ya que no puede mantener sus conflictos en la mente y carece de fantasías.

• Es asténico, a pesar de su inteligencia superior, carece de poder sobre la acción: LYCOPODIUM.

• GRAPHITES es adecuado en caso de tránsito muy lento, como un tren de mercancías. Esta persona se acuesta a menudo, porque se siente agotada.

• PHOSPHORICUM ACIDUM es ese adolescente que renuncia, silencioso, y pierde su calor vital con la diarrea. Poco a poco, se aleja de la vida.

• A NUPHAR LUTEUM, el agotamiento a causa de la diarrea lo inhabilita en el plano sexual. Para no tener que recurrir al Viagra®, hay que luchar contra la diarrea y evitar la obstrucción... ¡nasal! Son condiciones psicológicas bien conocidas.

• Estos emotivos meticulosos, maníacos y sentimentales poco activos, con quienes a veces resulta difícil convivir, están atentos a los ruidos peristálticos, que los inquietan por lo que tienen gran necesidad de THUYA. Están poseídos por la imagen de la madre o los sentimientos religiosos. Se «miran el ombligo». La palabra «cáncer» hunde a THUYA en un terror obsesivo. No puede soportar una afección en su cuerpo, del que está tan pendiente. Se sabe que este perfeccionismo sólo es el eco de pequeñas manías repetitivas destinadas a tranquilizarse, con la depresión como clave.

• El estreñimiento y la diarrea son el reflejo de la motricidad pero también de la duda entre dar y recibir. No es sorprendente encontrar una parálisis de decisión y hallar en IPECA —en alta dilución, 15 o 30 CH— el remedio del niño que duda al elegir un objeto o del solterón que no puede tomar la decisión de casarse.

Colitis y fobias

La relación con la *fobia* (miedo irracional y obsesivo) es inevitable en numerosos colíticos.

• Aparece en la angustia existencial de ARSENICUM ALBUM o de NATRUM SULFURICUM, que están invadidos por la idea fija de una no-vida.
• Si la agresividad procede de un ser vindicativo, con mucosas secas y tierno con sus allegados o con la sociedad, que utiliza el lenguaje acerado de los que tienen el alma lastimada, hay que pensar en NITRICUM ACIDUM.
• La evolución psíquica del final del recorrido puede evocar LACHESIS, que no abandona ningún compromiso, e incluso los provoca.
• La fobia toma, en THUYA, la forma de una letanía de insatisfacciones y de depresión poblada de decepciones sentimentales. El horizonte parece bloqueado y sin esperanzas, tan sombrío como el mismo colon, con la rabia de los perdedores y una pizca de superstición que implica la influencia del destino y la maldición del cielo, que acepta como un verdadero perdedor. Es la imagen de la culpabilidad percibida por los demás sobre sus propias insuficiencias o pecados. La conciencia puede convertirse en un verdadero tormento obsesional cuando un sentimiento religioso precario sustituye a una verdadera espiritualidad. El gusto por el pasado atormentado de THUYA es el reflejo de esta disfunción de la flora intestinal, que lo convierte en un vencido.

Rectocolitis hemorrágica

Esta grave afección se traduce por una diarrea acompañada, a menudo, de sangrado y de una ulceración de la pared intestinal que puede llegar hasta el desprendimiento de la mucosa. No se conocen demasiado bien sus causas.

Se ha abandonado la idea de un origen infeccioso, endocrino o carencial. La teoría alérgica, en boga en Estados Unidos, hace coexistir una sucesión de manifestaciones como urticaria, eczema, migraña y asma, con lesiones ricas en *eosinofilos* (tipo de glóbulos blancos encargados de la alergia).

La rectolitis hemorrágica sobrepasa el marco funcional de la colitis, pero la homeopatía permite, en estos casos dramáticos, un restablecimiento espectacular, sin por ello abandonar los tratamientos alopáticos indicados en los ataques agudos.

Pero siempre hay un componente psíquico que prima, de ahí el interés del medicamento homeopático, que tiene en cuenta la personalidad.

• El sujeto fosfórico deprimido, sensible e introvertido, se hunde en los abismos de su *yo*; es inteligente pero poco adaptable, inmaduro, afectivo, a menudo con una madre sobreprotectora y con un super-ego moralizador y rígido, por ello hay que ayudarlo con NATRUM MURIATICUM o PHOSPHORUS.
• Para los nostálgicos del paraíso perdido de la infancia, de sus lugares y sus perfumes, CAPSICUM a dilución muy alta (30 CH) es el tratamiento, junto a IPECA, para estos amantes del pasado llenos de dudas y rechazo del presente.

Citemos el caso de esta mujer asiática instalada en Francia desde hace veinte años, madre de un médico y de un ingeniero, profundamente deprimida y con rectocolitis hemorrágica. Su nostalgia se expresaba a través del rechazo cultural de una lengua que escuchó durante todos estos años. O esa otra paciente, mimada por la vida, con un marido y unos hijos que habían triunfado, que mostraba el rostro pasivo y sonriente de las depresiones ocultas. El análisis de esta paciente reveló que su sublime residencia parisina era menos atractiva para ella que el pueblo de su infancia, en el norte de África. En ambos casos, las dosis de CAPSICUM permitieron espectaculares reconciliaciones con el pasado.

He aquí un cuadro que resume el enfoque terapéutico de la rectocolitis hemorrágica. Los remedios calman los síntomas locales. El homeópata debe penetrar en el enigma de la persona y de su pasado.

REMEDIOS PARA LA RECTOCOLITIS	
Enrojecimiento	IPECA, SCROFULARIA y CALCAREA PHOSPHORICA
Tenesmo (tensión dolorosa del recto con ganas ineficaces de defecar)	MERCURIUS CORROSIVUS y CANTHARIS
Ulceración	MERCURIUS y NITRICUM ACIDUM
Causas psíquicas	STAPHYSAGRIA 9 CH, 15 CH y 30 CH (dosis progresivas). A veces, THUYA
Causas antiguas	PHOSPHORUS, CAPSICUM 30CH, NATRUM MURIATICUM y SILICEA

Hemorroides, una enfermedad extendida...

¿Quién no ha padecido esos molestos trastornos de la vida cotidiana? Conocidas desde la más remota antigüedad, las hemorroides son pequeños bultos que se producen en el trayecto de una vénula. De hecho, son varices.

La importancia de la circulación de retorno, el mal estado del hígado y la ausencia de válvulas en las venas anorrectales son los principales factores que pueden provocar una inflamación de la pared venosa.

La mayoría de las personas afectadas por hemorroides padecen crisis periódicas, aunque no son insoportables ni necesitan una intervención quirúrgica. Generalmente, una pérdida de sangre venosa las alivia, deshincha el bulto, desobstruye el recto y termina con la crisis. Otras veces, las venas se hinchan sin hemorragia y desencadenan crisis que duran más o menos tiempo. Normalmente se consulta al médico por hemorragias que suceden, envuelven o impregnan las heces. Los exámenes completos mediante rectoscopia confirman la masa hemorroidal. Las hemorroides pueden salir y entrar espontáneamente. A veces, rezuman y producen prurito (picor).

Pero las hemorroides pueden también dar lugar a problemas mucho más serios.

Este cuadro puede complicarse con un dolor rápidamente creciente con riesgo de estrangulamiento hemorroidal y, en consecuencia, de *trombosis* (formación de un coágulo).

El menor roce provoca un vivo dolor, complicado o no con prolapso, reducible o no.

> *Conviene recordar que la enfermedad hemorroidal nunca es local. Los síntomas indican un organismo perturbado. El médico concentra su atención sobre el recto, con la ayuda de aparatos. Pero el interrogatorio del homeópata va más allá e interroga al conjunto del cuerpo y a las funciones digestivas.*

El homeópata realiza un viaje a través del cuerpo, con oídos y ojos que se elevan de abajo arriba. El tratamiento es, ante todo, higiénico y dietético. En primer lugar, hay que regularizar el intestino y controlar a su enemigo habitual, el estreñimiento. Conviene eliminar los excesos alimentarios, el alcohol, las comidas especiadas y luchar contra el sedentarismo, un consejo repetido pero no siempre seguido. Se pueden utilizar jabones ácidos tras la evacuación, para mantener el pH natural de las mucosas. Hay que evitar los anestésicos, fuente de eczema y de prurito anal.

El homeópata se enfrenta a una situación límite que se relaciona siempre con la imagen del cuerpo: entrada (garganta) y salida (recto) requieren a menudo los mismos remedios, como AESCULUS o LACHESIS. Sorprendente unidad y solidaridad del árbol mucoso. Se asegura un drenaje indispensable con 40 gotas de AESCULUS GLABRA IX (una cucharadita de café en los casos agudos); es el *venotónico* de las urgencias.

El médico se referirá siempre a cinco tipos de síntomas:

Hemorroides que arden

Se acompañan de ardor y prurito en primer plano.

• RATANHIA. El paciente presenta estreñimiento o diarrea. Las heces son duras, y un vivo dolor en el ano persiste durante horas, incluso después de defecar, con una sensación de astilla. Es posible la *protrusión* (salida) de las hemorroides después de la defecación.

• CAPSICUM. La pimienta de Cayena está indicada en caso de agravación por el calor y la tensión intensa (tenesmo) en el recto y la vejiga. Todo se agrava con la diarrea, especialmente si el sujeto consume especias sin moderación.

• AESCULUS. El empeoramiento se debe esta vez al frío, en un estreñido con una sensación de plenitud acompañada de dolor lumbar. El paciente tiene dificultad para inclinarse hacia adelante y levantarse de una silla. Atención, este auténtico venoso se queja también de la garganta: la faringe es púrpura u oscura (arriba y abajo del tubo digestivo).

• SULFURICUM ACIDUM. Este gran digestivo que empeora con el frío siente los ardores en dos puntos: el estómago y el ano (hernia, úlcera por consumo excesivo de alcohol).

Estos remedios están relacionados con los síntomas. Deben tomarse a 5 CH, 3 gránulos cada dos horas en período de crisis. Espaciar en cuanto se advierta una mejoría y suspender el tratamiento al final de la crisis.

Evidentemente, hay que completar el tratamiento con los remedios de fondo de las hemorroides que arden.

- GRAPHITES. Adecuado para los sujetos frioleros, con mala grasa y piel seca, obesos infiltrados y lentos que se quejan de estreñimiento crónico sin necesidad.
- SULFUR. Inevitable final de un recorrido alimentario cálido, amistoso y optimista. El paciente se alivia con una hemorragia. ¡Qué bienestar tras cada eliminación! En este caso, hay mucho, mucho picor y una agravación evidente con las pomadas.
- KALIUM CARBONICUM. Este remedio corresponde a una persona asténica, dispépsica, hinchada y con un mal metabolismo de las grasas. El dolor se acompaña de hormigueo en el ano. Las hemorragias aparecen después de las heces duras.

Estos remedios de fondo deben tomarse en dosis (glóbulos) a 9 CH, una vez a la semana, el domingo. No prolongue el tratamiento más de dos meses sin consultar con su médico homeópata.

Hemorroides que pinchan

Tres medicamentos de crisis intervienen en este tipo de hemorroides en que el dolor parece un pinchazo: AESCULUS, CAPSICUM. En COLLINSONIA, el estreñimiento es pertinaz, con heces duras y nudosas que exigen gran esfuerzo. Las hemorroides sobresalen y sangran. Los dolores pican y arden como agujas. Mejoran con aplicación de frío. Es el remedio más apreciado por la mujer embarazada.

Estos remedios están relacionados con los síntomas. Se toman a 5 CH, 3 gránulos cada dos horas en período de crisis. Espaciar en cuanto se aprecie mejoría y suspender el tratamiento al final de la crisis.

El tratamiento de la crisis se completa con remedios de fondo de estas hemorroides.

• GRAPHITES y KALIUM CARBONICUM.
• LYCOPODIUM: son personas dispépsicas e hinchadas que se sienten especialmente mal entre las 16 y las 20 horas. La emisión de gas alivia la hinchazón; el estreñimiento tiene un origen hepático. Las hemorroides mejoran con baños calientes. Son muy sensibles al tacto, y aparece a menudo una *excoriación* (pequeños rasguños) alrededor del ano.

Estos remedios de fondo se toman en dosis (glóbulos) a 9 CH. Una dosis a la semana, el domingo. No prolongue el tratamiento más de dos meses sin consultar con su médico.

Hemorroides que protruyen
Tienden a sobresalir y perturbar el paso de las heces. La homeopatía propone varios tratamientos de la crisis.

• ALOE VERA. Es un remedio para la colitis crónica con abdomen distendido, caliente y ruidoso. Las heces son urgentes e imperiosas y se acompañan de gases fétidos y ardientes. Pueden ser involuntarias. Las hemorroides sobresalen y tienden a estrangularse, con riesgo de trombosis. Hay que desconfiar de la cerveza, que agrava los síntomas.
• MURIATICUM ACIDUM. La trombosis amenaza: la sensación de pinchazo se acompaña de punzadas y una sensibilidad

extrema al tacto, al contacto con las sábanas o el papel higiénico. Las hemorroides, en este caso, pueden aparecer durante la regla.

• NUX VOMICA. Es la cumbre dolorosa de este ardoroso combatiente. La plétora estalla en el límite. El paciente puede consumirlo todo, especias incluidas. Los dolores de estómago y las náuseas no disminuyen su gula. La sanción se manifiesta en el recto, con hemorroides congestionadas e inflamadas, sobre todo cuando se abusa de los laxantes. Estreñimiento o diarrea suceden a los excesos, el humor se agrava proporcionalmente a los dolores y el entorno se aleja para huir del escándalo.

Estos remedios están relacionados con los síntomas. Deben tomarse a 5 CH, 3 gránulos cada dos horas en período de crisis. Espaciar en cuanto se observe mejoría y suspender el tratamiento al final de la crisis.

También hay que completar el tratamiento con los remedios de fondo de las hemorroides que protruyen: LYCOPODIUM y KALIUM CARBONICUM.

Estos remedios de fondo deben tomarse en dosis (glóbulos) a 9 CH. Es suficiente una dosis a la semana, el domingo, por ejemplo. No prolongue el tratamiento sin consultar con un homeópata experimentado.

Hemorroides que pican

Vivos picores predominan sobre el conjunto de los síntomas y determinan los medicamentos: AESCULUS, CAPSICUM, COLLINSONIA y RATANHIA.

Se completará con los remedios de fondo de estas hemorroides: GRAPHITES, en caso de agravación por el frío; SULFUR, en caso de agravación por el calor.

Seguir las recomendaciones indicadas a propósito de los tratamientos anteriores.

Hemorroides que sangran

En el caso de las hemorroides que sangran, las hemorragias se producen habitualmente, en cada defecación, o casi. Existen varios medicamentos homeopáticos de crisis: COLLINSONIA o HAMAMELIS (esta última sólo es eficaz cuando se trata de una hemorragia venosa).

En estos casos, los vasos son frágiles y su ruptura es fácil. La sangre puede ser negra.

HAMAMELIS se dirige a los pacientes que padecen de fragilidad en las venas, que se rompen fácilmente al defecar o hacer esfuerzos para la expulsión. Este remedio está destinado también a las hemorroides antiguas con sensación de tapón que, por la frecuencia de sangrado, pueden producir anemia.

Tomar 30 gotas de HAMAMELIS en un gran vaso de agua, 2 veces al día, a 3 D (3° decimal). Se pide en la farmacia. Este tratamiento es suficiente en la mayoría de los casos.

• SCROFULARIA NODOSA 3 X. Este remedio es específico para la irritabilidad crónica del asa intestinal que va del sigmoide al recto, con diverticulosis (véase página 151).
• SEDUM ACRE 3 X. Adecuado para las congestiones pelvianas con hemorragia y amenaza de fisuras.
• Si las hemorroides sangran al defecar, ERIGERON 3 X, remedio de las reglas abundantes por congestión pelviana, porque es concomitante con las hemorroides que sangran.

Se asocian los tres remedios, SCROFULARIA NODOSA, SEDUM ACRE y ERIGERON a 3 DH (decimal hahnemaniana) a razón de 30 gotas 3 a 4 veces al día en un gran vaso de agua.

No hay que perder nunca de vista, en lo que concierne a las hemorroides, la causa principal: el estreñimiento, que puede tener diversos orígenes y justifica la regulación del tránsito, para llevar la paz a la región.

El origen es hepático

Los medicamentos más corrientes en este caso son:

AESCULUS GLABRA, NUX VOMICA, LYCOPODIUM y RATANHIA.

El origen es intestinal

GRAPHITES, KALIUM CARBONICUM y RATANHIA.

Si aparece flatulencia con borborismos, no hay que ignorar el ALOE VERA.

Para el alivio local, siempre se apreciará la pomada PAEONIA (dosificada al 5%), tan eficaz que entrará para siempre en el botiquín de la familia.

Fisuras anales

Son pequeñas ulceraciones superficiales, que se producen en los surcos que forman los pliegues radiales del ano.

Provocan un dolor sordo, atroz, que se atenúa un poco con la defecación y reaparece con intensidad creciente durante varias horas, como una cuchilla de afeitar. Este dolor persiste durante mucho tiempo después de la defecación. Es tan intenso que impide la vida cotidiana, sobre todo si se acompaña de una contractura del esfínter. Esta herida ardiente y angustiosa apenas se calma con los baños de asiento. La contractura, responsable del dolor, justifica el antiguo acto quirúrgico de dilatación simple, que procura un alivio inmediato, pero no la curación definitiva.

Las causas pueden ser mecánicas: el paso del bolo fecal provoca el desgarro de la comisura posterior, a menudo después de un parto. Pueden ser de origen vascular: la fisura se produce esencialmente en un terreno hemorroidal y representa una úlcera varicosa anal. También pueden asociarse a gérmenes microbianos.

La crisis de las fisuras puede producirse tras una alternancia de estreñimiento y diarrea, por ejemplo, durante la regla.

Primer acto: embadurnar la zona con xilocaína oleosa al 5% con un algodón. Se encontrará entonces, en el examen local a mediodía, una pérdida de sustancia de 2 a 10 mm, de color rosa vivo y sangrante. Casi siempre hay una hemorroide.

La fisura puede evolucionar y acompañarse de un prurito rebelde; el dolor aumenta siempre durante la exoneración.

El tratamiento clásico consiste en anestesiar la ulceración y suprimir la contractura, e incluso en provocar una electrocoagulación quirúrgica de la fisura.

La homeopatía posee dos armas locales de choque para conseguir una buena solución médica: NITRICUM ACIDUM y RATANHIA.

Se tomarán los medicamentos indicados a la dilución de 15 CH, 3 gránulos cada dos horas en período de crisis. Pero se espaciarán las tomas a medida que mejoren los síntomas.

Esta región anal presenta, como la garganta, una mucosa muy delicada, lo cual favorece la congestión o la sequedad.

Algunos perfiles homeopáticos están particularmente sujetos a las fisuras anales.

- ARSENICUM ALBUM. Los dolores son cortantes y punzantes como un dardo. Estas hemorroides con prolapso siempre mejoran con el calor.
- NATRUM MURIATICUM. La sequedad del sujeto se vuelve local, con heces en *escíbalo* (excrementos duros y redondeados a causa del estreñimiento). La fisura dolorosa sangra con la defecación.
- NITRICUM ACIDUM. Es el instrumento terapéutico más fiel de esta región para este friolero de faneras secas y raras. El ángulo de la boca está agrietado, fisurado, y también se observa este tipo de fisura cerca de los orificios bucal y anal, en el punto de unión entre la mucosa y la piel. El dolor es punzante como una astilla al principio, y cesa bruscamente. El dolor desgarrador del ano persiste varias horas después de una defecación, aunque sea blanda, porque la piel está reseca.

> NITRICUM ACIDUM *a* 5 CH *cicatriza y a* 30 CH *calma los vivos dolores. La dilución será escogida por el médico de acuerdo con el resultado a obtener. A dilución baja, serán gránulos; a dilución alta, una dosis de glóbulos.*

El estreñimiento satélite también se combatirá, porque da lugar a hemorroides, con AESCULUS en caso de dolor lumbar, GRAPHITES si hay heces voluminosas y NATRUM MURIATICUM si las heces tienen forma de bola.

• RATANHIA puede completar a NITRICUM ACIDUM en caso de sequedad, prurito y sensación de astillas. El dolor en el ano es muy intenso y persiste largo tiempo tras la defecación.
• PAEONIA lo acompaña en este dolor persistente, con secreciones que manchan la ropa.

Este cuarteto, SEDUM ACRE, RATANHIA, PAEONIA y NITRICUM ACIDUM, se consolida con CHAMOMILLA, antiálgico, siempre beneficioso en esta situación exacerbada por el estrés, en pacientes cada vez más intolerantes al menor dolor.

Abscesos y fístulas

Abscesos perianales y fístulas anales son estados evolutivos de la misma afección causal. Esta región es una zona de predilección para las supuraciones prolongadas. Al contencioso rectal, se añade el papel fundamental del esfínter.

El absceso puede evolucionar hacia una ampolla o un flemón. La actuación de urgencia utiliza varios medicamentos homeopáticos.

• ANTHRACINUM a 9 CH en caso de quemazón, infiltraciones e induración. Es el antiséptico principal.
• PYROGENIUM en caso de agravación y fetidez de los excrementos.
• APIS MELLIFICA en caso de inflamación súbita y agravación por el calor.
• CALCAREA SULFURICA 5 CH y ECHINACEA compleja son los dos grandes antiinfecciosos de esta región.

La fístula es el estado evolucionado del absceso. Un enfermo que ha curado espontáneamente o que ha sido operado presenta una secreción que mancha la ropa y termina en un absceso. Se puede buscar un orificio en la parte superior de una pequeña protuberancia.

En el pasado, la tuberculosis, que consumía y adelgazaba al paciente, favorecía indudablemente la aparición de fístulas, diez veces más frecuentes en estos pacientes. La enfermedad ha disminuido, pero queda ese terreno llamado tuberculínico, vestigio de la enfermedad.

El tratamiento más fiel de la fístula es SILICEA, ya que aparece generalmente en un asténico desmineralizado, que acumula las inflamaciones crónicas supurantes y los abscesos crónicos, cuya secreción no cede. ¿Reminiscencia de la antigua tuberculosis casi extinguida hoy? Quedan contingentes de personas delgadas, con mala asimilación, sin vitalidad y con debilidad moral e intelectual, pero siempre hipersensibles y voluntariosas. Las dosis de SILICEA son representativas de la acción espectacular del medicamento homeopático, que restablece la inmunidad y la capacidad de defensa.

• NITRICUM ACIDUM, RATANHIA y BERBERIS se convierten en compañeros de SILICEA.

Alergia y digestión

Se sabe que del 3% al 10% de los franceses son víctima de alergias alimentarias. Comer podría convertirse en una preocupación sin la ayuda de los nutricionistas, que, con sus consejos, alivian al médico de la carga de tener que informar a sus pacientes sobre las combinaciones alimentarias y sus efectos secundarios en la vida cotidiana.

Desde la supervivencia del hombre en la prehistoria, encontrar el sustento y elegir los alimentos adecuados para preservar la salud requiere una sólida educación. Hoy la alimentación se ha vuelto compleja y sofisticada, por la diversificación y la globalización. Ya no sabemos lo que comemos, como sucede con las inquietantes y recientes cuestiones sobre los organismos modificados genéticamente (véase página 181). El médico debe mantenerse informado. A menudo, envía a su paciente al alergólogo, que simplemente descubre combinaciones perjudiciales de diferentes alimentos.

Los alérgenos son cada vez más numerosos, viajan sin billete y acompañan a los vuelos transatlánticos, que atraviesan varios husos horarios y van cargados de frutas fuera de temporada.

La alergia digestiva es una reacción inmunitaria. Es una respuesta de hipersensibilidad a las proteínas alimentarias.

La simple intolerancia alimentaria puede adquirir la máscara de la alergia con alimentos como la leche, los huevos, el pescado y los mariscos, los cacahuetes y las harinas. El síntoma inmediato es la diarrea o los vómitos, pero estas manifestaciones digestivas deben repetirse para que se pueda hablar de alergia.

La reacción alérgica puede manifestarse en la piel, con una urticaria o un *edema de Quincke* (hinchazón importante de la cara, peligroso porque puede conducir a una dificultad respiratoria por obstrucción de la laringe), un riesgo a tener en cuenta en los casos de dermatitis *atópica* del lactante.

La alergia también puede provocar reacciones respiratorias: rinitis, laringitis, tos o disnea (dificultad para respirar).

> *Hay que saber que algunas frutas y verduras poseen una reacción cruzada con diferentes pólenes y pueden desencadenar una crisis. Se llama choque anafiláctico a una manifestación aguda e intensa que asocia insuficiencia respiratoria, hipotensión y urticaria, y obliga a la hospitalización.*

El interrogatorio debe ser una verdadera investigación policial sobre el paciente y su familia. Remontarse a la fuente alimentaria que desencadena la crisis exige la mirada aguda de un detective.

El diagnóstico es fácil cuando el incidente sobreviene en la hora siguiente a la ingestión del alimento o al cabo de tres horas, cuando hay un esfuerzo o una crisis de asma. El alcohol y la aspirina favorecen las reacciones alérgicas, las especias favorecen la vasodilatación y el paso de los alérgenos digestivos a los vasos sanguíneos.

¡Pero atención!, en el ser humano las paradojas son numerosas. Citemos, por ejemplo, el caso de estos sujetos alérgicos al plumón, asfixiados dentro de una casa pero que no experimentan ninguna molestia si se envuelven en ese mismo plumón en una noche fría. O aquellos que estornudan sin parar frente a una rosa artificial, o esos grandes alérgicos que no toleran los alimentos frescos pero no presentan ninguna reacción frente al atún en lata, particularmente alto en histamina.

Los alérgenos que hay que conocer bien

Se trata de alimentos alergénicos reconocidos.

• Leche de vaca ++.
• Gambas, frutos exóticos (kiwi, por ejemplo).
• Especias, condimentos para la restauración rápida (mostaza, ketchup), *psylium* en las barras dietéticas.
• Nueces: la nuez de caoba.
• Cacahuetes: ocupan el segundo lugar en las alergias alimentarias (choque anafiláctico). Evidentemente, hay que leer las etiquetas, pero antes hay que encontrarlas. Pueden estar escondidos en las golosinas o en las barras de chocolate. El aceite de cacahuete, si está poco refinado o es de presión en frío, puede sensibilizar; el aceite de cacahuete refinado, por el contrario, no es muy peligroso, al menos en cuanto a la alergia.
• La alergia a la mostaza es frecuente entre los niños y los adolescentes.
• Cuidado con el altramuz, una leguminosa de cualidades nutricionales interesantes y con un papel de potenciador del sabor.
• Finalmente, la harina de trigo contaminada con ácaros, sobre todo en los países cálidos.

Cuando las alergias se cruzan

Las alergias más frecuentes implican el cruce entre frutas, verduras y pólenes.

• Un sujeto alérgico al polen de abedul presenta un 50% de riesgo de sensibilización por frutas de la familia de las *rosáceas* (manzanas, cerezas, albaricoques, avellanas y melocotones) y por verduras de la familia de las *umbelíferas* (apio, hinojo, cilantro, perejil y zanahoria) con tests positivos, pero sin manifestar necesariamente signos clínicos. Es interesante saber que las manzanas cocidas son responsables de alergia con menor frecuencia, porque la cocción destruye el alérgeno.

- Un sujeto alérgico al polen de *compuestas* (artemisa o ambrosía) presenta un 50% de riesgo de sensibilización por apio.
- El 40% de los individuos alérgicos al polen de *gramíneas* también lo son al tomate.
- La asociación de alergia a las especias (pimienta, mostaza, anís, hinojo, cilantro, comino y curry) y al apio es también frecuente.
- Los individuos alérgicos al cacahuete pueden estar sensibilizados a la soja, los guisantes y las lentejas.
- Los sujetos sensibilizados al látex presentan frecuentemente reacciones cruzadas al plátano, el kiwi, la castaña, la nuez, el melón, la fresa, la cereza, la uva y el higo.
- La sensibilización a los caracoles es dos veces más elevada entre los sujetos alérgicos a los ácaros, comparativamente a la desarrollada por otras alergias.

Piel y alergia

Los homeópatas pasean su mirada global sobre la economía humana y conocen bien los dos órganos blanco de la alergia: el tubo digestivo y la piel.

Desgraciadamente, en lo referente a esta última, al margen de las investigaciones sobre el origen digestivo, hay que reconocer que la piel sufre, en alopatía, las consecuencias del tratamiento intempestivo a base de corticoides. Se intentan suprimir rápidamente las manifestaciones de la alergia. Estas terapéuticas de vitrina son engañosas, aleatorias, poco precisas y provocan una dependencia feroz. Se embadurnan con corticoides unas lesiones desconocidas, etiquetadas de psicosomáticas, por deficiencia inmunitaria de origen psíquico.

La piel no es un simple revestimiento inerte. Es un «cerebro periférico» (Salmanoff). No es simplemente un manto de pH ácido, un vestido electrostático, un parasol pigmentario, sino la barrera circulatoria principal. La densidad de elementos nerviosos es la más importante de todos los tejidos de nuestro cuerpo.

Dolor, movilización frente al estrés, antena de información periférica: las riquezas insospechadas de la epidermis abren un vasto campo de observación para los médicos que la convierten en su especialidad.

Se atribuyen a la piel varias funciones:

- Un papel térmico depurador. Se conocen las toxinas microbianas o que provienen de la renovación de las células, pero la eliminación de los medicamentos resulta más misteriosa.
- Una permeabilidad diferenciada. Su superficie es enorme (de 1,7 a 2,6 m^2). Es la mayor glándula endocrina del cuerpo; se han identificado más de cien sustancias y fermentos (hidrolasas, desmolasas, lipasas). Asegura el funcionamiento del sistema *reticuloendotelial* (sistema de depuración). La disminución de su función provoca los *exantemas* (enrojecimientos) menstruales.
- La piel tiene una arquitectura impresionante, 2 millones de glándulas sudoríparas lubrifican la epidermis. La acidez de la piel es alta en las capas superficiales (pH 3,2 a 5,2) y neutra en las capas profundas.
- Como órgano del tacto, asegura la red de comunicación con el cerebro. La desaparición de las sensaciones táctiles siempre se acompaña de modificaciones del psiquismo.

La piel, frontera del cuerpo, se descubre de manera impresionante gracias al examen *iridiológico*, en la zona límbica, periferia última del ojo, que resume el envoltorio del cuerpo.

Se observa el reservorio venoso linfático, obstruido por los intercambios metabólicos, los depósitos de colesterol o de sales minerales, las fracturas, los golpes y las heridas.

La piel, tercer riñón, tercer pulmón, glándula exo- y endocrina, es testigo de todas las contaminaciones alérgicas y medicamentosas. Con un simple examen visual, se puede ver la firma de los depósitos alérgicos. Esta imponente periferia esconde impresionantes secretos: 100.000 km de canalizaciones capilares, innumerables corazones periféricos que mueven la sangre gracias al sistema neurovegetativo, mediante la vasodilatación o la vasoconstricción.

Urticaria y edema de Quincke

Esta erupción de prominencias diseminadas o confluentes, del tamaño de una moneda, se compone de enormes placas que se asemejan a la irritación provocada por las ortigas, de donde viene su nombre. Tiene el carácter claro de la liberación histamínica. El acceso de urticaria, terriblemente pruriginoso (que produce picor), dura de algunos minutos a varias horas.

La urticaria puede generalizarse y desencadenar un edema de Quincke. Aparece entonces una hinchazón en la piel, pero también en el velo del paladar y en la laringe, que puede producir una sensación espectacular de ahogo o de dificultad para la deglución.

Los accidentes agudos no dejan lugar a duda: es una relación de contacto con la sustancia alergénica; los abundantes anticuerpos se dirigen hacia los alérgenos aéreos, los medicamentos o los alimentos contaminados, cuya lista se alarga cada día.

PRINCIPALES PRODUCTOS ALERGÉNICOS		
Alimentos	Medicamentos	Aditivos alimentarios (¡de 3.000!)
Histamima	Procaína Aspirina	Agentes conservantes: sulfitos, nitritos, ácido benzoico, etc.
Pescado fresco, arenque Fresa Clara de huevo Chocolate Quesos fermentados ++	Amigdopirina Sulfamidas Betalactaminas Betabloqueantes Enalapril ++ Productos de radiología Vacunas y sobre todo sueros	Colorantes: tartrazine, amarillo anaranjado, azorubina, amaranto, rojo cochinilla, eritrosina, negro brillante, etc. Potenciadores del sabor: glutamato.

El cuadro superior indica las principales fuentes de alergia (alimentos, medicamentos, aditivos alimentarios). En principio, son anodinas pero pueden constituir un grave peligro mezcladas en el plato o en el estómago.

Los aliados homeopáticos contra la urticaria

• APIS MELLIFICA (la abeja) 3/4 CH ofrece la ventaja de una experimentación ejemplar sobre la hinchazón, el ardor y el picor. Las numerosas reacciones a la picadura de abeja, que APIS revisa, son la garantía de su eficacia. Actúa sobre la piel, la membrana ocular y el tejido renal. El retorno de la *diuresis* (emisión de orina) es el signo que marca el final del estado de alerta incendiario periférico de la alergia. Hay que destacar que la acción *hiperémica* (congestiva en superficie) de APIS puede traducirse, en los niños, en bruscos ataques de celos. El indicador de APIS está inspirado por la brusquedad y la inmediatez de una reacción cutánea, que se agrava con el calor en todas sus formas.

• BOVISTA está indicado en el edema de Quincke, actúa con eficacia sobre los signos de la cara, los ojos y el tubo digestivo, con hinchazón, prurito, *epistaxis* (hemorragia nasal) y diarrea agravada por la regla. Aparece en la autosensibilización a la foliculina. Se llama también el remedio de los peluqueros, porque trata la irritación instantánea debida al tinte.

• URTICA URENS (ortiga) posee una acción antiinflamatoria sobre los dedos, síntoma agravado por el calor y el baño, con erupción y prurito. Este remedio análogo a APIS es un valioso antídoto para las intoxicaciones alimentarias (marisco).

• DOLICHOS PRURIENS es el famoso *picapica* de los niños del campo. El prurito aparece en un hepático estreñido, que empeora durante la noche y el calor de la cama. Es valioso en el eczema de las personas mayores, como MEZEREUM.

Lo infinitesimal frente a la reacción alérgica

Algunos medicamentos neutralizan la reacción alérgica de manera específica.

• HISTAMINA 9 CH puede resultar beneficiosa, sola o en asociación con APIS. Este producto es un mediador, un agente de contracción de los músculos lisos y de la permeabilidad capital. Este remedio actuaría de manera similar a la alerglobulina.

• PHENOBARBITAL 9 CH (gardenal). Este medicamento, administrado a dosis ponderal, es responsable de dermatosis muy conocidas: se trata de la urticaria, el edema de Quincke y el prurito de los niños (2 dosis al mes a 9 CH).

• SERUM EQUI (suero de caballo) a 9 CH es el remedio fiel de las urticarias pruriginosas y recidivantes, acompañadas de dolores articulares. Actúa sobre las reacciones bruscas e inmediatas de la *anafilaxia* (reacción alérgica).

• RADIUM BROMATUM 5 CH es adecuado para la urticaria que aparece al desvestirse, especialmente para el prurito rebelde y crónico que engrosa la epidermis, que recuerda una radiodermitis, pero sobre todo los recientes efectos persistentes de la radioactividad de Chernobyl (indicado en el lupus, los queloides, las neoformaciones cutáneas y el reumatismo psoriásico). Desde la aparición de la radioactividad, este remedio ha subido de categoría.

Algunos medicamentos homeopáticos son antídotos para los grandes comilones.

• ANTIMONIUM CRUDUM es un moderador del apetito en los que consumen sin límite y padecen erupciones cutáneas, induraciones y callosidades en las zonas cutáneas más densas. Este remedio corrige la indigestión aguda, fuente de urticaria, sobre todo tras la ingestión de carne.
• NUX VOMICA es la imagen de este gran desorden antigénico alimentario; junto con URTICA URENS, cualquiera que sea el elemento introducido, es el punto de encuentros de los excesos y las combinaciones alimentarias sin límite ni discernimiento.
• MAGNESIA CARBONICA. Remedio poco explotado en la alergia digestiva, aunque sus síntomas son fáciles de encontrar en el interrogatorio. Se observa una intolerancia a la leche y una tendencia a la acidificación por fermentación. Los bebés huelen a agrio, y las heces son verdes, espumosas y ácidas. Este estado indica la presencia perjudicial de la leche en el tubo digestivo.
• ARSENICUM ALBUM en caso de agravación dramática por una intoxicación alimentaria. La gravedad de la intoxicación produce un rechazo inmediato.

• SULFUR es el príncipe de la autointoxicación mantenida, repetitiva y sin conciencia de la restricción alimentaria necesaria. Es adecuado para los que llegan al fondo de sus alergias alegremente mediante una evacuación intestinal aromática, y vuelven a sus excesos dietéticos a la media hora siguiente.

• PSORINUM concierne al sujeto delgado, friolero, con falta de reacciones vitales, que presenta dermatosis de todo tipo, con una piel átona, rugosa, de aspecto sucio, y grasa en el rostro. Es el remedio de la acumulación alérgica. Este enfermo desesperado y pesimista encuentra cierto bienestar al comer, lo que mejora todas sus reacciones generales. Padece coriza, asma, blefaritis y diarrea crónica, actúa como el gran regulador de la reacción alérgica, con un recrudecimiento significativo en primavera, con la llegada del polen. Este producto inestimable ha estado a punto de ser retirado de la farmacopea a causa de una administración puntillosa. Por suerte, ha reaparecido ahora en el mercado.

El médico homeópata individualiza cada problema, y el debate sobre la verdadera alergia se orienta más bien hacia el capítulo de las intolerancias, que hay que buscar inevitablemente en los alimentos. Para los homeópatas, un alimento inofensivo para NUX VOMICA no tendrá piedad con PULSATILLA.

• CHAMOMILLA será el remedio de la intolerancia al café.

• NUX VOMICA y URTICA URENS serán los antídotos de la alimentación de mala calidad.

• PETROLEUM atenúa las reacciones a la col.

• NATRUM SULFURICUM y LYCOPODIUM, a los farináceos y a las féculas.

• ANTIMONIUM CRUDUM, a los vinos y a los ácidos

• OXALICUM ACIDUM y RANUNCULUS BULBOSUS, al vino.
• CYCLAMEN y PULSATILLA, a la mantequilla.
• KALIUM CARBONICUM, al café con leche.
• FERRUM METALLICUM, a los huevos.
• SEPIA y CAMBOGIA, a la leche.
• HYDRASTIS, al pan.
• KALIUM MURIATICUM y PULSATILLA, a los pasteles.

Remedios y factores de agravación

Los homeópatas interrogan siempre a sus pacientes sobre sus intolerancias y las razones de su agravación, por lo tanto, sobre el alimento que hay que eliminar o el antídoto que hay que proponer.

Para los alimentos en mal estado:
ARSENICUM ALBUM.
Para las ostras fuera de temporada:
ALOE VERA.
Para los mariscos (agravación por las ostras):
ALOE VERA y URTICA URENS.
Para las cebollas:
LYCOPODIUM.
Para las fresas:
OXALICUM ACIDUM.
Para las ciruelas:
RHEUM.
Para el café:
CHAMOMILLA, ABIES NIGRA, NUX VOMICA, HEPAR SULFUR, CAUSTICUM y CANTHARIS.
Para las setas:
CAMPHORA.

Para la mantequilla:

CARBO VEGETABILIS, FERRUM, PULSATILLA y SEPIA.

Para la cerveza:

KALIUM, BICHROMICUM, NUX VOMICA y ALOE VERA.

Para la *choucroute*:

BRYONIA, PETROLEUM y LYCOPODIUM.

Para las verduras crudas:

RUTA, CHINA, VERATRUM y PULSATILLA.

Para los farináceos:

los NATRUM.

Para las frutas ácidas:

ANTIMONIUM CRUDUM, IPECA y PSORINUM.

Para las salsas en mal estado:

ARSENICUM ALBUM y BELLADONNA.

Para las golosinas (a pesar del fuerte deseo):

IGNATIA, ARGENTUM NITRICUM y CHAMOMILLA.

Para el cerdo:

CARBO VEGETABILIS, CYCLAMEN, PULSATILLA y ANTIMONIUM CRUDUM.

La homeopatía tiene en cuenta las susceptibilidades individuales en el tratamiento de las alergias digestivas.

En general, estos remedios de la manifestación alérgica deben tomarse a 5 CH, 3 gránulos varias veces al día durante la crisis. O como tratamiento de fondo, a 9 o 15 CH, dos dosis al mes.

Finalmente, algunos alimentos pueden provocar reacciones sin poner en marcha los mecanismos de la alergia. Son los alimentos ricos en histamina o tiramina (*choucroute*, queso de gruyere, levadura de cerveza, alimentos ahumados y conservas de pescado).

Los OMG para «la muerte del planeta»

Se sabe que un alimento obtenido de suelos empobrecidos y carenciales es un factor de desequilibrio para el consumidor, sin contar con los tóxicos que aparecen. Según la revista *The Ecologist*, sabemos que hay proyectos de exterminación de especies vegetales a punto de realizarse. En efecto, Monsanto, que posee más de la mitad de las patentes de plantas transgénicas que existen en el mundo, habría introducido en sus semillas un gen capaz de esterilizar todo lo que crece en la superficie del planeta, salvo, evidentemente, las variedades vendidas por Monsanto, fértiles solamente durante un año, lo que obligaría a los agricultores a comprar año tras año las semillas que necesitan.

El profesor Jean-Marie Pelt, autoridad ecológica mundialmente reconocida, al ser interrogado por Pierre Andrillon (*Votre Santé*, nº 74, agosto 1999) expone claramente los peligros de los organismos modificados genéticamente para la salud.

El primer riesgo es hacernos cada vez más insensibles a los antibióticos, ya que la mayoría de las plantas transgénicas contienen un gen de resistencia a estos productos.

Las plantas transgénicas pueden provocar alergias relacionadas con la aparición de nuevas proteínas alergizantes. La adición incontrolada de soja transgénica a la soja corriente produce un aumento del número de alergias.

El OMG, la abeja y la polinización

Cuando se trata la soja transgénica con pesticidas, la soja resiste, pero las plantas vecinas no; sin embargo se sabe que el polen puede pasar de una planta a otra y transmitir el gen a los vegetales de alrededor, especialmente gracias a las abejas. Por lo tanto, se pueden fabricar malas hierbas resistentes a los productos que se utilizan normalmente para eliminarlas. Las resistencias se insertan en la planta por el mismo mecanismo que utilizan las bacterias para volverse resistentes a los antibióticos.

Los riesgos ecológicos están todavía muy mal evaluados. A causa de la diseminación, se puede temer una utilización excesiva de herbicidas, porque las plantas cultivadas se supone que resistirían. El daño sería irreversible porque no se puede controlar la diseminación de estos genes y sería imposible retirar todas estas plantas del medio ambiente.

Las multinacionales afirman que pueden alimentar a todos los habitantes del planeta, ¡pero omiten precisar que se tratará de una dictadura alimentaria!

Lo que puede suceder es justamente lo contrario: provocarán la hambruna entre los más pobres que nunca podrán comprar estas semillas.

Greenpeace se opone a la expansión de OMG y lo expresa así: un OMG es un ser vivo que ha sido creado artificialmente por el hombre manipulando su identidad genética. Las técnicas más recientes de la investigación genética consisten en retirar uno o varios genes de cualquier organismo vivo (virus, bacteria, animal o vegetal) e insertarlo en el patrimonio genético de otro organismo. A diferencia de las técnicas anteriores de mejora de las variedades agrícolas, la transgenia permite franquear la barrera entre las especies. Construye nuevos organismos vivos hasta ahora desconocidos por la naturaleza y por el hombre, y que se extienden por nuestro entorno.

Los riesgos sanitarios a largo plazo se conocen muy mal: riesgo de alergia y aumento de las resistencias a los antibióticos actuales.

Los seres vivos (las semillas, las plantas o sus genomas) no son mercancías con licencia para el beneficio de algunas multinacionales. Este debería ser el caballo de batalla de la Unión

Europea y, sin embargo, ¡en abril de 2000, el Parlamento Europeo anunció la autorización de cultivos de plantas modificadas genéticamente en Europa!

No son los consumidores quienes han querido los OMG 1, OMG 2 y OMG 3; ni siquiera los agricultores. Al principio, se pretendía conseguir un aumento de los rendimientos; actualmente los OMG buscan mejorar la calidad de los alimentos y minimizar su impacto sobre el medio ambiente. Mientras que los OMG de primera generación respondían a exigencias de rendimiento, los de segunda generación intentan mejorar la calidad de las verduras y minimizar las consecuencias de su producción sobre el medio ambiente. Pero el debate no parece haberse terminado.

Se intenta optimizar los productos alargando la duración de maduración y mejorando su sabor y su firmeza. Sin duda, asistiremos a nuevas manipulaciones alimentarias.

En cuanto a los problemas del medio ambiente, las multinacionales proponen reducir los alérgenos del arroz y modificar las proporciones de ácidos grasos del aceite, para luchar contra las enfermedades cardiovasculares.

Aumentando la resistencia de los productos a las agresiones agrícolas, se puede disminuir el uso de productos nocivos para el medio (insecticidas, herbicidas y abonos) y, al mismo tiempo, favorecer su resistencia a la sequía.

Si se introduce un gen de resistencia a los antibióticos, ¿no asistiremos a un aumento de la resistencia de los gérmenes a los antibióticos? Es sobre esta cuestión sobre la que se plantean los mayores problemas.

A pesar de que los OMG de segunda generación parecen orientar mejor el problema que los de primera generación, una vez introducidos en el medio ambiente, no todo se ha solucionado.

La indispensable dietética

Hay que comer para vivir y no vivir para comer...

Este capítulo tiene por objeto aportar propuestas, críticas y, en cualquier caso, algunas aclaraciones sobre la manera de alimentarse, así como dar algunas claves para comer mejor, beber mejor y vivir mejor.

La dietética es inseparable de la terapéutica, puesto que el hombre está dominado por instintos que, a menudo, prevalecen sobre sus necesidades fundamentales. Cada vez se utiliza más comida preparada, acondicionada, conservada, transformada y cocida, y cada vez se emplea menos tiempo en su preparación o su utilización. La sociedad del abrelatas y de la comida rápida permite ganar tiempo al ama de casa sin que se aproveche este tiempo para mejorar la masticación y la asimilación.

Los textos sobre nutrición son numerosos y variados. Definen las normas o las referencias científicas del equilibrio alimentario; pero el alimento, alterado por los métodos de cultivo o de conservación, está cada vez más travestido y es cada vez menos amigo del hombre.

Las verduras y las frutas no llegarán a los supermercados si el campesino abandona la tierra. Los peligros son múltiples, y algunos especialistas en nutrición definen a numerosos alimentos como verdaderas bombas de efecto retardado.

La contaminación química amenaza de entrada el agua del grifo, pero el agua mineral disponible en el mercado no siempre es agua potable. El contenido en calcio fijado por la OMS

(Organización Mundial de la Salud) para las aguas minerales es de 75 mg/l. El agua Contrexville contiene 553 mg/l y Hepar 548 mg/l. Habría que reflexionar antes de aconsejarlas.

Para digerir mejor los alimentos, el agua dura es preferible al agua tratada con productos que le quitan su dureza pero aumentan su pH.

Hablemos del agua

El profesor Louis-Claude Vincent ha analizado objetivamente las corrientes electromagnéticas de la vida, ha estudiado y definido las características del agua:

- El pH del agua debe ser de alrededor de 6,5 (en Francia, está comprendido entre 7,3 y 8,5; en España, el nivel máximo de pH permitido para el agua de consumo es de 9,5, aunque es preferible que sea inferior a 8). Un pH alcalino favorece las enfermedades cardiovasculares.
- El rH2 (potencial de óxido reducción). Cuando se eliminan gracias al cloro, microbios, bacterias y virus, el agua del grifo se vuelve artificialmente sobreoxidada y desencadena estrés, insomnio, problemas digestivos y envejecimiento prematuro.
- El profesor Vincent demostró que, para una buena eliminación de las toxinas, el agua debe tener una resistividad superior a 8.000 ohms (la resistividad de las aguas minerales embotelladas se sitúa de 450 a 5.000 ohms).

¿Ha dicho agua pura?

El agua del grifo contiene cloro y nitratos (en Suiza, se permiten 20 mg/l; en Francia, la tasa sobrepasa los 50 mg/l y puede llegar a 100 mg/l). Las lluvias provocan excedentes de nitrógeno. La cal obstruye los tubos y reduce la rapidez de flujo. Piense en el cuerpo humano y particularmente en los riñones, de los que numerosos pacientes sufren intervenciones para extraer los cálculos renales.

Los tubos de plomo intoxican el agua: algunos niños sufren retraso escolar, tienen un coeficiente intelectual disminuido y problemas de comportamiento. Se debe al tristemente famoso *saturnismo*, la intoxicación por plomo.

> No existe más que una solución a este problema. Un investigador, Jean Jacques Bouchet, difunde en Francia el procedimiento de la ósmosis inversa. Obtiene por filtración un agua tan pura como la de una fuente natural haciéndola pasar a través de tres filtros purificadores provistos de una membrana extremadamente delgada (0,0001 μ). Con este método, se eliminan el 99% de los contaminantes indeseables.

Consejos prácticos

El agua debe ser pura y poco cargada en minerales. Al despertar, en ayunas, se aconseja beber un gran vaso de agua y repetir esta operación de 5 a 6 veces al día, especialmente antes de las comidas, para facilitar la digestión.

> El Dr. Roth ha dirigido experimentos interesantes. Provocó un cáncer en una coneja mediante implantes de benzoato de estradiol.
> Al cabo de cinco meses, todas las conejas que bebían agua con un pH de 4,5 desarrollaban un cáncer. Un lote implantado con estradiol recibió agua a pH 8,5 y el tumor se convirtió en un simple quiste.

El agua puede, según su calidad, contribuir al mantenimiento de un buen equilibrio o favorecer la aparición y desarrollo de las enfermedades de la civilización.

Los riesgos alimentarios

El agua no es el único producto que presenta graves peligros. Nuestros alimentos industriales encubren muchas causas de enfermedad.

Cultivos y aditivos

En la carne, hay demasiados antibióticos, microbios y hormonas. El cerdo que llega al matadero tras cuatro horas de transporte presenta, en el 30% de los casos, las *salmonelas* de la muerte, cada vez más famosas en las intoxicaciones cotidianas.

> *Nitratos, colorantes sintéticos y sacarina hacen temer el cáncer. El profesor J. Lederer (*Le développement de caners*, editions Maloine) piensa que, en la oncogénesis (formación del cáncer) entran en juego los iniciadores, unas sustancias que ponen en marcha una información irreversible en el aparato genético de la célula, llamadas cocarcinógenos. Estas sustancias, sin ser directamente cancerígenas, lo son, sin embargo, indirectamente. Por ejemplo, los mineros del uranio sólo desarrollan un cáncer si fuman. Se trata de una auténtica asociación de delincuentes, con delitos de distinto grado.*

Además de los agentes directamente responsables, la proporción de grasas en la alimentación no hace más que aumentar. Del 18% en 1940 (el nivel razonable sería del 35%), hemos pasado al actual 45% de grasas, a menudo disimuladas y no siempre con un verdadero interés nutricional.

La difusión del alimento sofisticado se realiza con un gran refuerzo de anuncios publicitarios. Estas golosinas «que vemos en la televisión» deterioran los dientes de nuestros hijos, y nos obligan a luchar contra el poder del mensaje audiovisual. El exceso de grasa aumenta la secreción de ácidos biliares y obliga a la flora microbiana a laboriosas operaciones metabólicas, con liberación de esteroides *carcinógenos* (susceptibles de provocar cáncer).

> *En las personas afectadas por cáncer gástrico, se observa que el consumo de almidón es siempre superior a las normas admitidas para un buen equilibrio y al de los grupos de control no afectados por el cáncer.*

Frente a todos estos riesgos, los factores para conseguir un equilibrio adecuado están al alcance de todos: consumo de frutas frescas, consumo de centeno o de fibra, aporte de vitamina A, de vitamina C y de vitamina E. Si bien existe una gran incertidumbre en lo que concierne al cáncer de origen alimentario (del 35 al 50%, según algunos), no hay que dramatizar sobre la contaminación debida a la alimentación.

La buena información es el comienzo de un combate para la reducción de su frecuencia o de su gravedad. Se pueden elegir alimentos de calidad, con un origen conocido (hay que aprender a leer las etiquetas y a frecuentar los mercados más que los supermercados) y preferir los productos frescos, que se preparan en casa, a los alimentos industriales.

Ante la información de la medicina, el consumidor actual, que ha asumido el cuidado de su cuerpo, se interroga y elige.

Desdichadamente, la tan valiosa dietética no forma parte de la nomenclatura de los actos médicos y ¡jamás será cubierta por la Seguridad Social!

Paul Valery escribía: «Ver claro es ver negro». Es posible rectificar esta situación si progresamos en la vigilancia e información del público y de los medios de comunicación, hoy demasiado discretos sobre las virtudes homeopáticas.

Es lamentable permitir que el gran público ignore los valiosos antídotos contra la contaminación que son NUX VOMICA para los excesos alimentarios, ARSENICUM ALBUM para las intoxicaciones graves y CHINA para la debilidad leucocitaria (insuficiencia de glóbulos blancos).

La mejor dietética es el arte de elegir las soluciones más equilibradas para cada uno. Pero un alimento beneficioso para algunos puede ser nocivo para otros; cada uno tiene pues su propia idea y su sensibilidad en cuanto a la higiene alimentaria.

Hierbecillas y especias

Están en armonía con las verduras y constituyen verdaderas armas para la buena salud.

• La tisana de TOMILLO es un remedio para los trastornos internos.

• La MEJORANA se prepara de preferencia con leche, una cucharadita de café por litro. Déjela macerar mientras se calienta, sin que la leche llegue a hervir. La MEJORANA es una hierba muy importante para tratar cualquier intoxicación de la sangre.

• La SALVIA es especialmente adecuada para los intestinos.

• El APIO, el PEREJIL y el PERIFOLLO, tanto las hojas como las semillas o las raíces, favorecen la actividad de los riñones y combaten así las afecciones de carácter reumático.

• El BERRO, las hojas de MOSTAZA, los RÁBANOS y el RÁBANO BLANCO son maravillosos depurativos de la sangre.

• Las semillas de HINOJO, ANÍS y COMINO (alcaravea) combaten los parásitos intestinales.

• El AJO y el PEREJIL armonizan con casi todas las verduras. El perejil es inestimable para los problemas renales. Pero las mujeres que amamantan no deben tomarlo, porque corta las funciones lactógenas.

• La PIMIENTA de Cayena o el PIMIENTO picante, así como el JENGIBRE son poderosos depurativos de la sangre. Fortalecen los órganos genitales y son particularmente recomendables. Contribuyen a paliar la sed, por eso se comprende que sean utilizados en los países cálidos. Están indicados también en la montaña.

• El CURRY es una mezcla de diversas especias, inventada por los bramanes para luchar contra la consunción. La CÚRCUMA, que es la base del curry, activa la purificación a través de los poros de la piel. La PIMIENTA NEGRA tiene un efecto análogo, pero proporciona algo más de calor; no se debe emplear la pimienta blanca porque, al pelarla, pierde su valor medicinal. La MOSTAZA es un excelente estomacal, que sólo se debería emplear en grano o en polvo, con la referencia de los productos fabricados con vinagre. La NUEZ MOSCADA, el MACIS, el CLAVO, la CANELA y el AZAFRÁN fortalecen y estimulan la actividad glandular y ganglionar.

> *En lugar de sal, es preferible combinar hierbas o especias con las verduras. Dan sabor, facilitan la digestión y mantienen la salud, pero conviene consumirlas frescas y no secas.*

Dietética y salud

Las dietas son innumerables, y el beneficio de algunas de ellas no es percibido de la misma manera por todos: la cultura, las prohibiciones y las costumbres de la infancia crean identidades y necesidades energéticas diferentes debido al hábito. Los instintos se pervierten, y la sofisticación de la industria alimentaria hace el resto.

La dieta sin carne

Algunos la adoptan de manera deliberada, haciendo su elección entre la impureza de la carne animal y la energía solar almacenada por los vegetales. Es la oposición simbólica de un individuo frente a una sociedad en la que se siente incómodo.

Esta dieta es rica en hidratos de carbono y debe incluir suficientes productos lácteos, huevos y pescado. Los cereales son más ricos en proteínas y en fibras que aumentan el volumen de las heces, pero no siempre son bien tolerados por los colíticos (sobre todo si se incorporan sales de magnesio).

Esta dieta bien tolerada por los niños, en primera instancia, es más difícil para un sujeto adulto.

En el vegetariano, el elemento energético de los hidratos de carbono prevalece sobre el elemento plástico de las proteínas. El aporte de selenio es generalmente insuficiente, y su ración debe complementarse con 10 mg al día.

La dieta macrobiótica

Esta dieta, importada de Oriente y basada en el equilibrio yin/yang de los alimentos, es pobre en verduras, pero rica en sal y arroz. Se hace progresivamente una transferencia de la carne hacia los cereales, con muy poco líquido.

Los defensores de esta dieta afirman que se consigue un bienestar general e incluso se pueden curar algunos cánceres. Pero también pueden producirse desequilibrios renales, especialmente en sujetos ancianos, o psicológicos en sujetos jóvenes, como NATRUM MURIATICUM, que adelgaza, AMMONIUM BARBONICUM, que sufre de los riñones, o como BERBERIS y CUPRUM ARSENICOSUM, que sufren de calambres.

Nutrientes indispensables

Más de 25 elementos participan en el mantenimiento de la materia viva. Algunos construyen órganos, otros son indispensables para el metabolismo. El calcio y el fósforo elaboran el esqueleto. El sodio y el potasio regulan el mantenimiento del agua en la vida celular. La célula, el embrión y el feto no conocen otra cosa que líquidos salados. En el interior de las membranas, hay de veinte a treinta veces más potasio que en el medio exterior. El enfermo cardíaco debe eliminar el sodio y aumentar el potasio.

El magnesio está presente en los huesos (su exceso elimina el calcio y produce raquitismo). Interviene en numerosas enzimas y en el equilibrio del sistema nervioso, y su carencia provoca espasmofilia.

El cloro participa en la elaboración del jugo gástrico, el azufre de las proteínas que lo contienen y en el equilibrio del cartílago y de la epidermis.

Las vitaminas

Son indispensables para el mantenimiento de la salud.

La vitamina A

Su carencia favorece ciertos cánceres de piel. Pero la utilización de acetato de retinol se reemplaza por productos sintéticos que parecen prevenir los papilomas y los carcinomas experimentales. Su acción preventiva se aplicaría a la mama en la mujer y a la vejiga en el hombre. Actualmente, se piensa que el betacaroteno puede tener una acción preventiva superior a la de la vitamina A.

La vitamina A no se puede encontrar como tal en las frutas y verduras. Es el cuerpo el que la elabora a partir del caroteno que contienen las verduras y las frutas. La carencia de vitamina A se manifiesta por la sequedad de la piel, que presenta un aspecto rasposo y rugoso.

Los aceites minerales, utilizados como laxantes, perturban la asimilación de la vitamina A. La leche pasteurizada es su enemiga, así como los ácidos (no eche zumo de limón sobre las zanahorias).

La vitamina C

La dosis diaria útil de 60 mg definida antiguamente ha sido sobrepasada y debería alcanzar los 200 mg. Pauling y Cameron utilizaron dosis enormes de vitamina C en los cancerosos, considerando sus necesidades altas en esta vitamina. Estas dosis elevadas no son, sin embargo, significativas ni están exentas de inconvenientes (diarrea, cálculos oxálicos).

Si añade bicarbonato de sodio ($HNaCO_2$) a sus alimentos o a su menú destruirá la vitamina C. El tabaco también la destruye.

La vitamina E

El uso del aceite de germen de trigo permitió descubrir la acción protectora de la vitamina E sobre la carcinogénesis. Reduce las *mitosis* (división de la célula) e impide la formación de nitrosaminas, derivadas de los nitratos, y el gran riesgo de transformación de nitritos en medio ácido. Debe asociarse a la vitamina D. Sus fuentes naturales son raras.

La vitamina D

Es valiosa, indispensable, está presente en la mantequilla, la leche y los huevos, y se elabora en el organismo gracias a la exposición solar. Es útil administrar suplementos de vitamina D a los trabajadores manuales, los empleados nocturnos y las personas mayores que salen poco.

Es válida para el niño carbónico apático de carnes blandas. Expone a los fosfóricos a una peligrosa excitabilidad o insomnio.

El *calcio* y el *fósforo* deben añadirse también a la vitamina D para establecer una verdadera sinergia.

La vitamina B o tiamina B2 o riboflavina

Actualmente, ya no hay carencias de estas dos vitaminas. Son indispensables para el equilibrio del sistema nervioso, las mucosas, la piel y la calidad de vida.

Los medicamentos que contienen hierro inactivan la vitamina E. Se produce una sinergia entre la vitamina A y la vitamina E: la segunda estimula a la primera. Una alimentación variada y basada en alimentos frescos evita la mayoría de carencias vitamínicas.

Los oligoelementos

Los oligoelementos son sustancias simples, no sintetizadas por el organismo. Provienen forzosamente de la alimentación. Actúan en poca cantidad, y su presencia recuerda la terapéutica infinitesimal homeopática.

Su concentración debe ser constante en los tejidos vivos: boro, cobalto, cromo, cobre, estaño, flúor, yodo, manganeso, molibdeno, níquel, selenio, vanadio y cinc.

La OMS ha establecido las necesidades diarias de los principales oligoelementos a partir del estudio de las poblaciones malnutridas. Estas necesidades van del microgramo a algunos miligramos.

La carencia de oligoelementos puede provenir de un aporte alimentario insuficiente, de un aumento de las necesidades o de una utilización defectuosa. La noción de oligoterapia, introducida por el Dr. Jacques Ménétrier, es importante para la resistencia a la enfermedad.

Los oligoelementos forman parte del sistema regulador de las células. Activan las enzimas y pueden formar parte de complejos orgánicos con actividad hormonal o tisular. Las carencias de oligoelementos (yodo, hierro, cinc o selenio) pueden observarse en algunas formas de cáncer o de enfermedades graves (carencia de cromo en la diabetes).

Las investigaciones sobre los oligoelementos y su acción sobre el metabolismo se multiplican. Sin duda, se revisarán en los próximos años.

El cromo

Hay que ingerir 100 mg al día. El CROMO interviene en el metabolismo de los hidratos de carbono y de los lípidos. Actúa sobre el páncreas –regulando la insulina, con las consecuencias conocidas en caso de insuficiencia– y asegura el mantenimiento de la tasa de glucosa en la sangre.

La relación entre las afecciones cardiovasculares y el exceso de azúcar refinado en la alimentación muestra claramente el papel del cromo. La carencia de CROMO provoca placas de ateroma y obesidad. El consumo de azúcar blanco y de productos refinados provoca una carencia de CROMO.

El selenio

Este raro oligoelemento ha seguido una evolución sorprendente. Al comienzo, el SELENIO en dosis ponderal era sospechoso de provocar hiperplasias cancerosas; en dosis infinitesimal, se ha revelado protector de las mismas afecciones cancerosas.

La mayor parte del aporte de SELENIO está asegurada por los cereales, las setas, las semillas, la carne y el pescado. Las frutas y verduras contienen muy poco. En los países en vías de desarrollo, la escasez de selenio provoca malnutrición grave, y la toxicidad de los metales pesados como el cadmio o el mercurio aumenta en caso de deficiencia de este oligoelemento. Es la enzima protectora contra los radicales libres.

El manganeso

Se requieren de 2 a 3 mg/día. El MANGANESO es indispensable para el crecimiento de los vegetales y tiene un importante papel en la síntesis de la *hemoglobina* (pigmento rojo de la sangre que transporta el oxígeno). Sus necesidades diarias se cubren fácilmente, sobre todo si se consumen cereales regularmente. Actúa sobre el hígado, la formación del colesterol, la regularidad glicémica y la actividad *antihistáminica* (protección contra las alergias). Su carencia afecta también al cartílago.

El cinc

La cantidad necesaria es de 8 a 10 mg al día. El cinc está presente en todos los alimentos de origen animal. Es el oligoelemento constitutivo más abundante después del hierro, pero su absorción alimentaria no es total, y entra en la composición de unas doscientas enzimas.

Está implicado en los problemas de crecimiento, las alteraciones del gusto, los estados prediabéticos y los problemas cutáneos (acné, úlceras). El CINC estimula los linfocitos.

El níquel

La dosis diaria es el 0,2 mg.Tiene un importante papel en el metabolismo glucídico. Estimula la producción de insulina y la formación del glucógeno hepático. Favorece la absorción del hierro. Las intoxicaciones por NÍQUEL provocan afecciones hepáticas y dermatosis.

El cobalto

Ocupa el centro de la estructura de la vitamina B12. Es un estimulante conocido de la glándula tiroides y de la *hematopoyesis* (formación de los glóbulos sanguíneos).

El consumo de cerveza limita la asimilación. Fuente: mariscos, carne e hígado.

El vanadio

Es poco conocido; tendría un papel en la prevención de la caries dental y de la hipercolesterolemia. Es clara su importancia en el metabolismo de los lípidos.

El fósforo

Favorece la fijación del calcio. Es una fuente de energía contenida en la leche, el queso y los cereales, y constituye la materia prima del tejido óseo, pero también de numerosos sistemas enzimáticos celulares.

El magnesio

Es el elemento número 12 del cuadro de Mendeleiev. Se conoce empíricamente por sus propiedades laxantes y su papel se extiende a los vegetales (formación de la clorofila) y a los animales (protección contra la tetania y las malformaciones graves). En el hombre, se recomienda un aporte de 400 mg al día. Hay que preferir el germen de trigo (400 mg/100g), que se puede ingerir en forma de aceite de primera prensión en frío y añadir a las ensaladas, así como alimentos ricos en MAGNESIO, como las almendras (225 mg / 100 g) o el chocolate (290 mg/100 g).

Es el rival del calcio a nivel celular, participa en todas las actividades, aumenta la resistencia del individuo frente a todas las carencias o intoxicaciones (alcoholismo, tabaco) y alivia los espasmos vasculares o gastrointestinales.

El cobre

Las necesidades diarias son de 2 mg. Es una pieza fundamental de la oligoterapia; es antiviral y antibacteriano, tiene un papel sin igual en todos los procesos antiinfecciosos. Está presente en los cereales, pero poco en la leche. En la sangre, el COBRE está ligado a las proteínas. Su utilización depende de las interacciones en el intestino, junto con el cinc.

La acción bactericida del COBRE es superior a la de los demás metales. Los gránulos de COBRE se revelan indispensables en la cobertura antiinfecciosa de los asmáticos corticodependientes y expuestos a numerosas recaídas infecciosas.

Para terminar, las últimas experiencias han demostrado que la absorción de una dosis de cobre oligoelemento es capaz de multiplicar por tres la presencia de COBRE a partir de la reserva sanguínea.

El litio

El LITIO es el tercer elemento del cuadro de Mendeleiev, y es el más ligero de todos los metales. Fue introducido en 1949 de manera espectacular en psiquiatría para el tratamiento del acceso maníaco.

Actúa sobre los neurotransmisores, las *catecolaminas* (hormonas con acciones sobre el sistema nervioso, como la adrenalina), la serotonina y las sustancias que intervienen en la transmisión nerviosa. Los granos de LITIO se muestran eficaces en:

- los estados de inestabilidad emocional,
- las tendencias depresivas recidivantes,
- el insomnio,
- y los fenómenos dolorosos o de retención hídrica del síndrome premenstrual.

Dietas y salud

Las enfermedades que afectan al sistema digestivo exigen, evidentemente, una revisión de las costumbres alimentarias o una adaptación a la situación. He aquí algunas dietas adecuadas para ciertas enfermedades.

Las diarreas

Las diarreas agudas provocan pérdida de agua y de sales minerales (potasio, sodio y bicarbonato). Es necesario rehidratar con agua de arroz (3 cucharadas de arroz por litro de agua hervida salada).

Se preferirán las pastas, el arroz, las patatas y los potajes farináceos. Las verduras crudas se admitirán a partir del cuarto día. Las frutas ricas en taninos (constrictores) actúan favorablemente (arándanos, membrillos, manzanas ralladas), y el puré de zanahoria, rico en pectina, está indicado también en la disentería.

En caso de diarrea crónica, la dieta será rica en proteínas, sales minerales (calcio, hierro) y vitaminas.

- Se desaconsejan: verduras crudas, verduras fibrosas cocidas (coliflor, col, endibias) y féculas (lentejas, guisantes, judías secas, pan integral y fritos).
- Se recomiendan: todas las proteínas, el pan duro tostado, las pastas, el arroz, la sémola, las frutas maduras (plátanos, albari-

coques, naranjas ricas en potasio). Una dieta pobre en residuos es paradójica en nuestros días, ya que las fibras alimentarias a menudo nos son propuestas por la publicidad. Numerosas colopatías se acompañan de cólicos y diarrea. Cuando aparecen las diarreas de fermentación, las fibras (celulosa) y los residuos de la digestión de los almidones (patatas, trigo, maíz) hacen sufrir al colon derecho. El médico homeópata reconocerá la intolerancia a la leche y a la lactosa, que afecta al 10% de la población y debería modificar la forma de ingestión (solución líquida).

En caso de diarrea, hay que evitar por completo las verduras crudas, las frutas poco maduras y los frutos secos (pasas, higos, nueces, almendras, avellanas), las verduras fibrosas, incluso cocidas (coliflor, col, endibias, lechugas), así como las lentejas y las judías secas. También hay que eliminar, en período de crisis, el pan integral, los pasteles con frutos secos, así como las grasas (excepto 15 g de mantequilla al día), los fritos, los embutidos y las carnes fibrosas y grasas.

La dieta del hepático

No existe un régimen tipo para el hepático o el vesicular. Cada paciente puede presentar una alergia o una intolerancia particular a un alimento determinado: el huevo, prohibido para algunos, pero bien tolerado por otros.

Las comidas deben tomarse imperativamente a horas fijas, ya que la secreción biliar sigue un ritmo y es muy desfavorable saltarse las comidas. La comida del mediodía se tomará cinco horas después del desayuno, nunca antes de las 13,30 h, y la cena siete horas después de la comida del mediodía.

Se excluirán los farináceos, las leguminosas, los azúcares refinados y los alimentos exclusivamente energéticos. Los músculos son los aliados del hígado, por lo tanto, los hidratos de carbono son nefastos en las cenas, antes del descanso nocturno (¡a menos que se haga footing después de cenar!).

La carne, el hígado de buey o de ternera y el pollo cocido son bien tolerados, así como los huevos pasados por agua o *pochés*. Se recomiendan las verduras crudas, sazonadas con aceite, limón o vinagre, salvo los puerros, los rábanos y los pepinos. Los alimentos ricos en grasa quedarán excluidos. La mantequilla puede incorporarse en el último momento. La salsa bearnesa, la mayonesa y los fritos están prohibidos. Se eliminarán también el jamón cocido, los potajes, el queso, la nata, el Petit-Suisse y la uva.

Hepatitis vírica

Cuando no presenta ninguna complicación, no necesita una dieta especial. Las grasas no se cocinarán; y se puede añadir mantequilla fresca a los alimentos después de la cocción. Se desaconsejan el café, el té y las especias.

Se prohibirá la ingesta de alcohol, sobre todo en la cirrosis; la abstinencia suele acompañarse de inapetencia. La dieta debe ser agradable y variada, suficientemente rica en proteínas y acompañada o no de vitamina B o ácido fólico. La carne aumenta la amoniemia, y hay que favorecer en cantidades iguales las raciones de leche o de queso y las proteínas de origen vegetal (cereales, legumbres y soja).

Dieta alcalinizante

Los alimentos acidificantes representan el 30% de la ración normal. Carne, huevos, cereales, acederas, ruibarbo, queso, vinagre, frutas verdes y mostaza, tras la oxidación proporcionan un residuo ácido y favorecen el envejecimiento y la artrosis. En caso de hiperacidez, se preferirán los alimentos alcalinizantes a razón del 60 al 70% de la ración.

- Frutas, verduras, leche, melón, frutos secos, albaricoques, zanahorias, naranjas, espinacas y ensalada de tomates, tras la oxidación, dejan un residuo alcalino.
- Las frutas ácidas no causan reacción ácida (salvo las ciruelas y la ciruelas pasas).
- Los vinos elaborados a partir de frutas verdes son ácidos, como algunos zumos de fruta tratados.

Algunos individuos sensibles al ácido toleran mal los ácidos alimentarios. Son delgados y desmineralizados, y tienden a la caries dental. Rechinan los dientes por la noche y tienen, más que los demás, tendencia a los espasmos y a las convulsiones. Hay que aumentar su ingesta de elementos alcalinizantes. Tabaco, tensión nerviosa, vida sedentaria y toxicomanía aumentan la acidificación. Los zumos de frutas ácidos no son aconsejables en períodos de fiebre, porque ésta puede persistir y debilitar al paciente.

Los tipos sensibles

En las afecciones catarrales (otitis, sinusitis), conviene suprimir los frutos ácidos en los niños de ojos azules. Los sujetos de ojos oscuros toleran bien la vitamina C.

Se agravan a causa de los elementos ácidos:

- ANTIMONIUM CRUDUM ++ y ARGENTUM NITRICUM.
- SULFUR, FERRUM METALLICUM y SEPIA.
- Hay que reducir los ácidos en los HEPAR SULFUR y CHAMOMILLA.

Amigos o enemigos

Según Shelton, la digestión de los diferentes componentes alimentarios es variable durante el recorrido por el tubo digestivo, ya que la transformación de los alimentos sólo se efectúa bajo la acción de un grupo de fermentos o enzimas que actúan en condiciones limitadas o determinadas. El Dr. Shelton ha establecido el cuadro (véase más adelante) de las combinaciones alimentarias, y ha insistido en las combinaciones de proteínas que pueden exigir secreciones diferentes.

- La mala combinación de las carnes con los huevos y/o los quesos.
- Y la de azúcares y farináceos porque el almidón se digiere en la boca y luego en el estómago, mientras que los azúcares solamente se digieren en el intestino delgado. Su consumo simultáneo acarrea el riesgo de fermentaciones ácidas.

En lo que concierne a la leche, combina mal con todos los demás alimentos: se aconseja tomarla sola o dejarla de lado.

Indiscutiblemente, esta dieta implica obligaciones y dificultades de aplicación práctica que pueden conducir, por exceso, a un cierto adelgazamiento o a una desmineralización.

Las buenas combinaciones alimentarias pueden ser vitales en algunos casos particulares, pero no deben desencadenar fobias alimentarias. La naturaleza es rica en alimentos complejos, pero asimilables.

El mérito de Shelton ha sido poner de manifiesto una verdadera fisiología de la digestión y denunciar los numerosos excesos o desviaciones de una alimentación refinada industrializada, que se aparta de las reglas fundamentales del equilibrio alimentario y que se ha vuelto peligrosa debido al exceso de hidratos de carbono.

CUADRO DE COMBINACIONES ALIMENTARIAS, SEGÚN SHELTON

Alimentos	Buena combinación	Mala combinación
Frutas dulces	Leche cuajada	Frutas ácidas, todo tipo de prótidos, leche
Frutas ácidas	Frutas ácidas aceptables	Farináceos, azúcares, prótidos salvo nueces.
Hortalizas, ensaladas	Todo tipo de prótidos, todo tipo de farináceos	Leche
Farináceos	Hortalizas, grasas, aceites	Todo tipo de prótidos, todo tipo de frutas ácidas, azúcares
Carnes	Hortalizas	Leche, farináceas, azúcares, otros prótidos, frutas y vegetales ácidos, mantequilla, nata, aceite, tocino
Huevos	Hortalizas	Idem
Quesos	Hortalizas	Idem salvo leche
Leche	Mejor tomada sola, aceptable con frutas ácidas	Todo tipo de prótidos, hortalizas, farináceos.
Grasas, aceites	Todo tipo de farináceos y hortalizas	Todo tipo de prótidos
Melón, sandía	Se toman solos	Frutas ácidas, todo tipo de prótidos, azúcares, leche, frutas, grasas.
Cereales, pan, etc.	Hortalizas	
Leguminosas	Hortalizas	

Dieta y salud dental

Hoy, el 95% de nuestros contemporáneos padecen fragilidad de los dientes o caries precoces. El calcio y las sales minerales necesitan exposición al sol, el gran protector del crecimiento mineral.

- Los alimentos duros y resistentes, que exigen una vigorosa masticación, favorecen una salivación abundante y sana. Pero ¡cada día comemos alimentos más blandos!
- Los alimentos dulces, los farináceos y los productos refinados degradados son los enemigos de los dientes. Si bien no se pueden eliminar, los alimentos frescos y vivos deben estar presentes en la alimentación (ensaladas, verduras crudas, frutas frescas o secas).

Intolerancia al gluten

Provoca una forma particular de diarrea por malabrasión. Se inicia en la infancia y provoca un retraso del desarrollo psíquico o intelectual. Las vellosidades (pequeños relieves filiformes de la pared) del intestino delgado impiden una buena absorción digestiva. La enfermedad se debe a una molécula llamada gliadina.

La exclusión del gluten de la dieta es indispensable y definitiva. Hay que recurrir a fuentes alimentarias que estén rigurosamente exentas de gluten, o sea, productos dietéticos (pan tostado, pan, pastas, bizcochos, pan de especias, postres instantáneos, etc.). También se autorizan las harinas de soja o de tapioca.

La dieta debe ser rica en glúcidos (las frutas frescas o cocidas deben representar el 50% de la ración). Las grasas deben reducirse. Al comienzo, la dieta debe ser pobre en fibras. Las grasas fritas, los quesos para untar fermentados y las carnes deben eliminarse, aunque esta forma de enteropatía exige, en el plano calórico, una ración con un 20% de proteínas.

Dieta de la hipoglucemia

La hipoglucemia funcional se manifiesta por molestias que aparecen después de las comidas. Se acompaña de sudores, temblores, náuseas o hambre. Se calma con la ingesta de azúcar, que sólo sirve para prolongar el trastorno (sobre todo si son azúcares de asimilación rápida).

La dietética es simple, equivalente a la del diabético: supresión de azúcares rápidos (azúcar, miel, confituras, mermelada, alcohol) para neutralizar la estimulación insulínica del páncreas. Se aumentará el número de comidas a lo largo del día, así como los glúcidos compuestos y las proteínas.

La dietética se completará con un tratamiento homeopático: HYPOTHALAMUS 30 CH, URANIUM NITRICUM 3 DH, ALLOXANE 15 CH, CUPRUM 15 CH, triturados; una pizca de la mezcla antes de las comidas principales, en un vaso de agua. Hay que introducir un huevo, una tajada de carne magra y un trozo de queso.

La ingestión de bebidas alcohólicas puras, sin ingestión de alimentos, puede provocar hipoglucemias reaccionales.

Dieta del exceso de colesterol

El exceso de colesterol en la sangre, o *hipercolesterolemia* exige, evidentemente, una dieta estricta.

He aquí el resumen:

ALIMENTOS PERMITIDOS O PROHIBIDOS EN CASO DE HIPERCOLESTEROLEMIA

	Autorizados o recomendados	Desaconsejados
Bebidas	Al menos 2 l de agua al día, té, café ligero, poco vino, zumos de frutas y de verduras	Caldos de carnes grasas, extractos de carne, chocolate, cacao
Productos lácteos	Leche descremada, yogur descremado, queso blanco desnatado, queso con menos del 40% de materia grasa	Leche entera, concentrada, yogur y queso blanco con más del 20% de materia grasa, quesos grasos
Carnes	Magras, blancas, aves, hígado de ternera	Grasas (cordero, cerdo, pato, oca), embutidos y despojos
Pescados	Magros y grasos	Cigalas, langostas, mejillones, ostras
Huevos	La clara a voluntad	Yema prohibida, pastas de huevo, raviolis
Hortalizas	Verduras cocidas con una nuez de materia grasa vegetal o 1 a 2 cucharadas de aceite en las ensaladas	
Féculas	Pan, arroz, pasta sin huevo, sémola	
Frutas	Todas, frescas y secas	Frutas oleaginosas (cacahuetes, nuez de cajú)
Productos dulces	Azúcar de caña, miel, confitura	Bizcochos, pasteles, nata, helados
Materias grasas	Aceite de oliva de primera presión en frío, girasol, nuez, margarina o girasol	Mantequilla, nata, salsas grasas, grasas animales, frituras, platos preparados.
Especias	Pimienta, especias, finas hierbas y hierbas aromáticas	Salsa inglesa (Worcestershire)

Dieta y temperamento

Solamente los homeópatas recomiendan tener en cuenta el temperamento (véase página 43) en la dietética. Orientan hacia una mejor calidad de vida mediante la buena utilización de los componentes fisiológicos.

El linfático

La alimentación tiene que ser sustancial, seca y aromática. Debe evitar los alimentos pesados, los embutidos, las grasas, los farináceos, la leche, la cerveza y los condimentos. La mezcla de pan-pasta-patatas es la mejor manera de volverlo pesado, sobre todo si bebe en la mesa. Los almidones, mezclados con agua, modificarán los contornos de su abdomen.

El nervioso

Su alimentación será variada, gustosa, poco voluminosa y con bebidas abundantes. Nada de alcohol, té o café.

El bilioso

Su hígado es frágil: debe evitar los huevos y la leche. Las comidas ligeras deben ser frecuentes y equilibradas (sobre todo el desayuno). Hay que dejar de lado el cerdo, la caza y las féculas. Debe beber suficientemente. Cuando bebe, las gamas GT son normales.

El sanguíneo

La moderación no es una de sus cualidades, por eso hay que reducir lo que adora: los alimentos fuertes, las especias, las carnes grasas y las grasas, que hacen subir tanto la glicemia como la adrenalina y disparan todos los factores de riesgo. Un sanguíneo no equilibrado en colesterol LDL, glicemia y otros factores de sobrecarga debe vigilarse, sobre todo si no realiza ejercicio al aire libre.

Dieta del estado canceroso

Los apóstoles de la medicina natural son los que han precedido, con su visión acertada, la aproximación científica. Para el profesor Lautie, la cancerización es el paso del estado celular *aerobio* (consumo de oxígeno disuelto) al estado celular *anaerobio*. Las células, en desacuerdo con los tejidos que las rodean, se desarrollan según un modelo parasitario o anárquico. Los principios generales de la dietética serán los siguientes:

> *Reducción del exceso calórico y corrección del sobrepeso. Restricción lipídica, ya que las grasas saturadas (mantequilla, manteca de cerdo, etc.) son un factor reconocido en la aparición del cáncer de mama o de colon. Evitar el exceso de proteínas (a causa de las grasas invisibles). Comer fibras en abundancia (prevención de cáncer de colon).*

A la célula cancerosa, no le gusta encontrarse en un medio ácido. Los diabéticos, ricos en ácido láctico, desarrollan cáncer con menos frecuencia que los demás. La acidificación es saludable para el organismo. Conviene eliminar los productos alcalinos, como el bicarbonato de sosa utilizado para calmar el dolor de estómago y que restablece equivocadamente la reserva alcalina.

También la obesidad tiene un papel en la enfermedad. Aproximadamente el 30% de la población sufre obesidad. La dieta es el mejor medio de favorecer las células sanas. La acidificación mediante un ayuno controlado favorece una recomposición celular sana.

Paralelamente a las grandes estrategias anticancerosas, hay que reducir los azúcares blancos (Walburgh sugirió que el cáncer es incapaz de utilizar l azúcar de caña completo), eliminar el pan blanco, introducir levadura alimentaria (hasta 5 cucharadas soperas al día) y tomar suplementos (sobre todo los vegetarianos) de vitamina B1, cuya carencia favorece el desarrollo del cáncer.

También hay que consumir alimentos frescos y verduras crudas, que no provocan hiperleucocitosis postprandial (aumento del número de glóbulos blancos, que pasa de 6.000 a 12.000 cuando las frutas, las ensaladas o las verduras crudas no preceden a los alimentos cocidos). Las frutas o verduras frescas son ricas en caroteno y en betacaroteno, que aumentan las defensas inmunitarias.

Para el Dr. Moerman, ciertos pequeños signos clínicos preceden a la aparición del tumor. Necesitan correcciones vitamínicas, tanto más cuanto que una carencia crónica de las ocho vitaminas siguientes aumenta la oxidación.

Vitamina A

Actúa sobre la piel que, en caso de carencia, se seca, con formación de callos en las plantas de los pies, y de granos córneos que obstruyen los poros.

La vitamina A se encuentra en la leche, la mantequilla, los huevos, y el aceite de hígado de pescado. Existen también, como para las demás vitaminas, excelentes complementos alimentarios a base de productos naturales.

Riboflavina (vitamina B2)

Actúa sobre las membranas mucosas. En caso de carencia, el interior de los labios y de la lengua se vuelven rojos, se forman grietas en las comisuras de la boca y cercos escamosos alrededor de la nariz. Actúa también sobre las uñas, que se presentan estriadas, duras y quebradizas.

Esta vitamina está presente en la levadura, el grano de trigo, el germen de trigo, las verduras, las frutas, la leche, el queso y el pescado. La misma consideración que antes en cuanto a los complementos alimentarios.

• La nicotinamida actúa sobre la lengua, que adquiere un color rojo brillante en caso de carencia.
• El ácido pantoténico actúa sobre el cabello que, sin él, se vuelve lacio, sin brillo y se cae.
• El ácido cítrico y la riboflavina actúan sobre las piernas, que se hinchan ligeramente en los tobillos en caso de carencia.
• El ácido pantoténico, la vitamina C, el hierro y la vitamina B_{12} actúan sobre los dientes para impedir el sarro y las hemorragias.
• La vitamina C actúa sobre la cicatrización de las heridas y la circulación.
• Las vitaminas C y E, si son insuficientes, provocan morados frecuentes y un cansancio inexplicable.

Una cocina simple y sana

Una gastronomía a base de salsas favorece un flujo suplementario de bilis, que modifica la flora intestinal. Hay que reducir las grasas al 30% de la ración alimentaria (hoy es generalmente del 40%, y los alimentos supuestamente ligeros, como el jamón magro, son un engaño).

Evite las cocciones excesivas, las frituras y el asado a la llama del gas o a la barbacoa, que impregnan los alimentos de benzopireno tóxico. La cocción de las carnes a alta temperatura (más de 150 °C) y durante un tiempo prolongado, provoca cambios en la estructura de las células. Da lugar a los *mutágenos*; se han encontrado de seis a ocho compuestos mutágenos en las hamburguesas cocinadas. ¡Hay que cuidar la salud de los jóvenes! Se recomienda una precocción para reducir el tiempo de exposición a temperaturas altas.

Algunos alimentos poco recomendables

Algunos alimentos pueden provocar, por su uso regular, diversos problemas digestivos o incluso alterar la salud.

He aquí algunos de los más comunes:

• El cáncer de boca, de laringe y de esófago se observa sobre todo en los bebedores de alcohol concentrado como el whisky, el coñac, el armagnac, etcétera.
• Se emplea mucho el magnesio, un aditivo indispensable para que se organice el ARN, el elemento terminal que regula la división celular. Pero no todos los tipos de magnesio son inofensivos para la mucosa intestinal. Por lo tanto, conviene pedir consejo al médico.
• Alimentos ricos en histamina: alimentos fermentados (quesos, *choucroute*), bebidas fermentadas y vino. Y también alimentos ahumados, conservas de pescado (atún, caballa, anchoas), pescado fresco y mariscos.
• Alimentos que provocan liberación de la histamina, responsable de la alergia: fresas, tomates, clara de huevo y mariscos.
• Alimentos ricos en *tiramina* (sustancia semejante a la histamina que provoca migraña y efectos congestivos): quesos fermentados, gruyere +++, levadura de cerveza +++, arenque adobado, caza, *chianti*, vino cocido y vino de Sauternes.
• El glutamato de sodio, un potenciador del sabor, es responsable del *síndrome del restaurante chino*, es decir, de diversos trastornos

más o menos inquietantes: media hora después de empezar a comer, aparece dolor de cabeza y molestias torácicas que hacen pensar en un ataque cardíaco.

• Alimentos ricos en *feniletilamina*: chocolate.

Protección contra la histamina y, por lo tanto, contra la alergia: 5 granos de HISTAMINA 9 CH. *Si hubiera reacción cutánea,* SERUM EQUI 9 CH *o* PHENOBARBITAL 9 CH, *una dosis. Si la causa es animal,* APIS 5 CH *varias veces al día. Si es vegetal,* URTICA URENS 5 CH *varias veces al día.*

Las radiaciones de los alimentos

La calidad nutritiva de los alimentos puede evaluarse por las radiaciones que emiten, medidas en *angstroms*.

La gráfica siguiente da una idea de estas variaciones. En efecto, cuanto más elevada es la radiación –con un número de angstroms más alto (de 5.000 a 9.000)–, mayor es la calidad nutritiva del alimento.

La frescura del alimento tiene un papel primordial, las radiaciones disminuyen rápidamente, más en los alimentos animales que en los vegetales, lo cual corresponde a una realidad cotidiana: todos sabemos que la carne se altera mucho más rápidamente (y se vuelve peligrosa para el consumo) que una verdura o una fruta.

En este sentido, la gráfica permite constatar la superioridad nutritiva de los vegetales, así como el valor de los medicamentos homeopáticos, cuya frecuencia media de radiación se sitúa en la misma zona que el espectro solar. La radiación de los medicamentos alopáticos es muy débil.

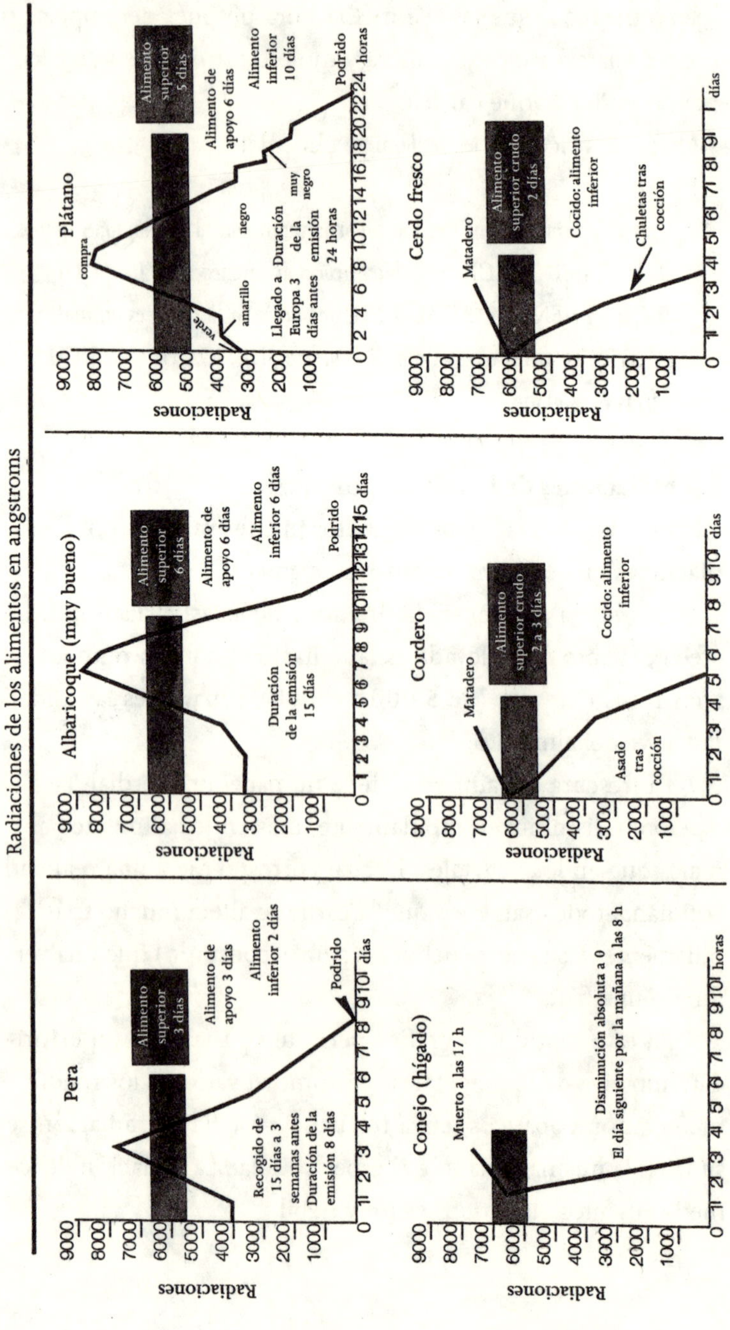
Radiaciones de los alimentos en angstroms
Pera
Alimento superior 3 días
Alimento de apoyo 3 días
Alimento inferior 2 días
Podrido
Recogido de 15 días a 3 semanas antes
Duración de la emisión 8 días
Radiaciones
días
Albaricoque (muy bueno)
Alimento superior 6 días
Alimento de apoyo 6 días
Alimento inferior 6 días
Podrido
Duración de la emisión 15 días
Radiaciones
días
Plátano
Alimento superior 5 días
Alimento de apoyo 6 días
Alimento inferior 10 días
Podrido
compra
verde
amarillo
negro
muy negro
Llegado a Europa 3 días antes
Duración de la emisión 24 horas
Radiaciones
horas
Conejo (hígado)
Muerto a las 17 h
Disminución absoluta a 0
El día siguiente por la mañana a las 8 h
Radiaciones
horas
Cordero
Matadero
Alimento superior crudo 2 a 3 días
Cocido: alimento inferior
Asado tras cocción
Radiaciones
días
Cerdo fresco
Matadero
Alimento superior crudo 2 días
Cocido: alimento inferior
Chuletas tras cocción
Radiaciones
días

Hablemos de peso...

Comer constituye un acto psicológico e individual. Es una obligación biológica pero también un acto cultural, sociocultural y étnico. Es, sobre todo, un acto social que facilita la comunicación con los demás.

Nos inclinamos hacia la diversidad, la necesidad de cambio o la innovación en la alimentación. En el hipotálamo, se encuentra el centro del deseo alimentario y, si bien la saciedad es una decisión acertada de esta glándula, a veces, su alteración provoca una inevitable tendencia al sobrepeso.

Por lo tanto, esta glándula participa en el hundimiento y el desfallecimiento de las buenas intenciones y a la capitulación. Una pregunta debe salir imperativamente de la boca del médico: «¿Tiene usted verdaderamente ganas de adelgazar, ha pensado en este proyecto?». Sin participación, no hay éxito posible. Las afirmaciones son menos sinceras que la realidad. La conducta alimentaria moderna evoluciona hacia una cierta individualidad, un relajamiento de las reglas y de las normas, y un consumo creciente de productos elaborados.

Picar, el enemigo de la línea

Picar entre comidas es verdaderamente el principal enemigo de la línea. Estas comidas en pequeñas cantidades pueden esconder problemas de orden psicológico y afectivo, con repercusiones graves si el sujeto suprime las comidas equilibradas.

Comer a deshora es responsable de subidas glucémicas de gula cuando se trata de azúcar. El hígado debe transformar este exceso de azúcar en grasas, y el páncreas se pone en hiperfuncionamiento, manteniendo así el proceso del hambre. La vida en las grandes ciudades, que favorece la alimentación abundante en la cena, acentúa el almacenamiento de grasas durante la noche. En el proceso de sobrepeso, la imagen del cuerpo se modifica: es una negligencia del cuerpo real proyectada en un cuerpo imaginario. También influye la mirada de los demás: simpatía y jovialidad para SULFUR, dejadez con vientre prominente para KALIUM CARBONICUM, GRAPHITES y CALCAREA CARBONICA.

Los dos tipos de sobrepeso

Existen dos grandes tipos expuestos al aumento de peso.

El tipo *ginecoide*

El término de *ginecoide* viene de la palabra griega *gunê*, que significa mujer. El exceso de grasa se concentra alrededor de las nalgas y los muslos (ocurre con frecuencia en las mujeres a causa de los estrógenos, que tienden a aumentar la masa grasa en caso de tratamiento hormonal sustitutivo).

El tipo *androide*

El término *androide* (del griego *anêr*, hombre) designa una forma de apariencia masculina. En este tipo, el exceso de grasa se sitúa en el abdomen, el tronco y el cuello.

Las consecuencias del sobrepeso no son pocas: riesgo vascular e hipertensión, diabetes, triglicéridos y ataques de artrosis (cada día se lleva una maleta con 8 o 10 kilos sobre los hombros).

Aceptar el régimen

Los problemas de la obesidad son proporcionales a la masa de literatura que se le consagra. ¡Es tan abundante! Se sigue un régimen, inducido por los medios de comunicación, se abandona y se vuelve a seguir con retoques. Estas dietas preconizan una restricción de grupos de alimentos o una restricción cualitativa total, que dan lugar a una carencia de vitaminas y sales minerales a la larga y, como resultado, fatiga general y pérdida de la masa magra, es decir de los músculos.

En este combate, el sobrepeso puede ser eliminado rápidamente. Pero atención a los nuevos aumentos y al efecto «yo-yo». Cuando se interrumpe un régimen, el metabolismo basal continúa funcionando al ralentí con el riesgo de almacenar las grasas y crear un conflicto con el hipotálamo.

Además, las restricciones conducen a veces a una depresión: se prohiben algunas categorías de alimentos y se produce un sentimiento de culpabilidad que vuelve a poner en cuestión a este famoso hipotálamo.

> *Las dietas deben ser razonables y tener en cuenta la cultura, los gustos y las costumbres del paciente, con un aporte adecuado de micronutrimentos y sales minerales, y deben formar parte de un régimen rico sobre todo en proteínas.*

Los principios generales tienen por objeto repartir a lo largo del día una serie de comidas equilibradas y más frecuentes, sin saltarse ninguna, así como practicar deporte sin llegar a la intensidad de los gimnasios. Se recomienda a las madres de niños carbónicos prohibir cualquier deporte de sala, porque, al abandonar la actividad física, sufren un aumento de peso sin retorno, como los halterófilos.

La homeopatía y el sobrepeso

Estudiando las aversiones y los deseos alimentarios, se establecen modelos constitucionales o temperamentales.

- El **linfático:** pálido, lento, con papada, pesadamente afectado por los hidratos de carbono y los almidones.
- El **sanguíneo:** cálido, sensual y optimista, su adrenalina lo orienta hacia el alcohol, las especias y las salsas.
- El **bilioso** puede verse afectado por el exceso de azúcar, de huevos y de leche.
- El **nervioso,** este intelectual encerrado en sí mismo, debe restringir el alcohol, el té y el café.

Si bien el sobrepeso no es una enfermedad, pone en cuestión la manera de vivir. El médico debe establecer un nuevo comportamiento alimentario que no haga perder la autoestima.

Pero el homeópata sabe que los enemigos son numerosos.

El panadero, la familia, la televisión que acompaña el tenedor, la inseguridad ante el futuro, las comidas de negocios (NUX VOMICA), la rapidez, la comida rápida (ARGENTUM NITRICUM), el estrés (ARNICA), los problemas, la tristeza (IGNATIA, reina de las comidas a deshoras), las revistas femeninas o las de gran difusión que condicionan a los influenciables y a los frustrados (STAPHYSAGRIA, ANACARDIUM ORIENTALE y LYCOPODIUM). La imagen de sí mismos de quienes quitan sus ideales al obeso: «Yo veo a muchos que devoran y están delgados y secos» (es el caso de IODUM y NATRUM MURIATICUM).

Tenemos a los pálidos: CALCAREA CARBONICA, KALIUM CARBONICUM, GRAPHITES y ANTIMONIUM CRUDUM (añada a veces FERRUM y NATRUM CARBONICUM).

Los rojos: SULFUR, AURUM, CAPSICUM y ARNICA

Los amarillos: LYCOPODIUM y SEPIA.

Los lentos: BARYTA CARBONICA, GRAPHITES, KALIUM CARBONICUM, SEPIA y ANTIMONIUM CRUDUM.

Los vivos: A menudo SULFUR, AURUM, THUYA y LYCOPODIUM.

En homeopatía, podemos reconocer a los obesos, describirlos y comprender correctamente su metabolismo.

Tomando el medicamento que le corresponde, a razón de una dosis a 9 CH cada semana, durante el mes o los meses de su cura de adelgazamiento, aumentarán sus posibilidades de éxito.

A cada uno su tipo

Nuestra experiencia médica nos ha permitido preparar cuatro dietas que corresponden a una morfología diferente, ya sea congénita, ya sea modificada por la edad o la enfermedad. El doctor Abravanel (*Le régime D*, editions Solar) ha intentado identificar diferentes tipos de personas que padecen exceso de peso y definir la relación de cada uno de ellos con la comida. Para ello, ha clasificado a los individuos en función de la glándula más activa de su organismo.

El tipo tiroideo

Corresponde a personas delgadas que no aumentan de peso de manera homogénea. Sus muñecas y tobillos son finos. Si engordan, es en la parte superior del cuerpo, sin alcanzar la pelvis ni los muslos. Se los mira con envidia, porque, durante mucho tiempo, pueden comer enormemente sin aumentar ni un gramo. La glándula tiroides les sirve de acelerador. Al más mínimo signo de cansancio, se lanzan sobre el café, el té, las tostadas, los bocadillos y los pasteles.

El tipo suprarrenal

Es el SULFUR homogéneo de 100 kg que hace las delicias de su madre: «No estás gordo, sólo robusto, atlético y fuerte». La hormona suprarrenal, una de las más poderosas del organismo, favorece el circuito de los azúcares (hígado y páncreas). La atracción alimentaria se dirige hacia las carnes y los productos salados (cacahuetes, salchichón, queso). Es de temperamento enérgico, jovial y comunicativo; el régimen puede hacerle perder 20 kilos sin alterar su buen humor, a condición de no llevar una vida social demasiado activa. Los kilos suplementarios se alojan en la cintura. El vegetarianismo está lejos de la mente del suprarrenal aunque sea el mejor camino para él (pero el médico tiene que controlar el régimen).

El tipo hipofisario

Es este cuerpo carbónico, de cabeza grande y rostro rechoncho con doble papada y redondez homogénea. Antes fue un bebé de gran vientre redondo y la grasa se instaló en él de manera regular. Las proteínas le son indispensables. Le atraen los quesos y los productos lácteos.

El tipo gonadal

Sin ser obeso, en él todo se aloja atrás, en la pelvis y en las nalgas, con celulitis. Las hormonas femeninas son la causa de este exceso. Mientras que el hombre suprarrenal o tiroideo suscita miradas de admiración por sus músculos firmes, el tipo gonadal de cuerpo blando no se resiste a los helados o a los platos exóticos con materias grasas. Desdichadas las modelos que tienen esta marca, su vida profesional estará en juego.

A partir del conocimiento de su tipo, el objetivo será reducir el consumo de alimentos que estimulen sobre todo la glándula mayoritaria en su caso (alimentos peligrosos) y aumentar el consumo de los alimentos que activen las glándulas más perezosas.

He aquí cinco reglas:

1. Identifique su tipo de organismo
2. Respete las prohibiciones
3. Tome las comidas a horas fijas.
4. Utilice las plantas que ayudan a eliminar.
5. Tome tentempiés, pero no a deshoras. Estos pequeños ataques de hambre son la manera que tiene el cuerpo de expresar su necesidad de un alimento que se encuentra excluido de su dieta.

La hipófisis se estimula con los productos lácteos. La tiroides se estimula con los almidones. Las glándulas suprarrenales, con las carnes. Las glándulas sexuales se estimulan con las grasas, los aceites y las especias.

Los alimentos correspondientes a cada tipo de organismo tienen que reducirse (por ejemplo los suprarrenales deben reducir las carnes). Las diferentes morfologías se tratan con remedios homeopáticos que corrigen los desequilibrios del cuerpo y permiten una vuelta al orden del organismo.

Consumir los alimentos correspondientes a sus necesidades, evitar los alimentos peligrosos y sentirse bien con su propio cuerpo también es estar sano.

CARACTERÍSTICAS DE LOS DIFERENTES TIPOS EN RELACIÓN CON EL PESO

Tiroideo	Suprarrenal	Hipofisario	Gonadal
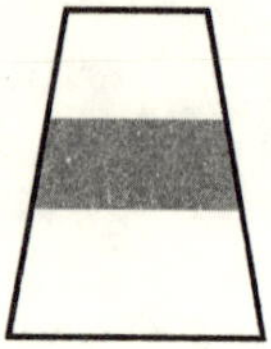	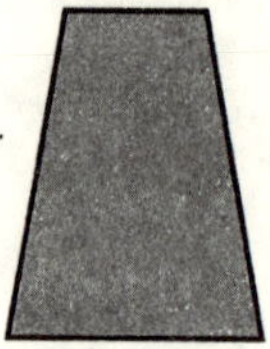	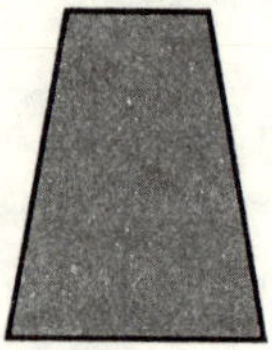	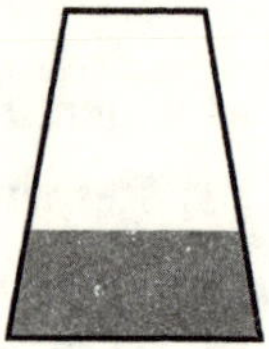
Cuello largo, miembros alargados, pies, tobillos y muñecas finos	Sólido, homogéneo Mujer de formas generosas con pecho imponente	Redondo (bebé) como en los anuncios de bebés con redondeces presentes durante toda la vida	Engorda (nalgas), déficit hormonal produce exceso de peso en la parte posterior y celulitis
Suprimir el café	Poco café	Suprimir el café	Poco café
Atraído por cereales, azúcar, pasteles, y harinas	Atraído por sal, carne, mantequilla y huevos	Atraído por azúcar y productos lácteos	Atraído por especias y grasas
Añadir un poco de sal para combatir el cansancio	Añadir un poco de azúcar	Añadir un poco de sal para combatir la fatiga	
Reducir el azúcar *tisana de frambuesas*	Reducir la sal *tisana de perejil*	Reducir el azúcar *tisana de fenugreco*	Reducir la sal y el azúcar *tisana de trébol rojo*
Hipertiroidismo	Hipotiroidismo	Hipotiroidismo	Hipotiroidismo, hipófisis poco activa
Familia: PHOSPHORUS CALCAREA PHOS. NATRUM MUR.	Familia SULFUR NUX VOMICA	Familia: CALCAREA CARB. GRAPHITES BARYTA CARB.	Familia: THUYA NATRUM SULF. DULCAMARA

RÉGIMEN DEL TIROIDEO

Alimentos prohibidos	Alimentos autorizados	Alimentos tolerados
Harina blanca arroz blanco pastas, todo tipo de alimentos con almidón café azúcar	Cereales integrales huevos, aves, pescado, carne roja en cantidad limitada, hortalizas infusión de frambuesas	Cereales integrales

Sugerencia de régimen para dos días

Desayuno	Comida	Cena
2 huevos pasados por agua 1 rebanada de pan integral tostado + 1 cc de mantequilla 1 taza de café descafeinado o té, o infusión de frambuesas	Gran ensalada + 1 cucharadita de condimento ligero o verduras al vapor 100 g de ave o pescado al vapor 1 rebanada de pan integral o 1/2 taza de sémola o mijo 1 vaso de leche descremada	A elegir: 100 g de pollo, pavo o pescado gran ensalada + 1 cc de condimento ligero o verduras al vapor 1/2 taza de arroz integral 1 vaso de leche descremada infusión de frambuesas
2 huevos duros 1 rebanada de pan integral tostado + 1 cc de mantequilla 1 taza de café descafeinado	Gran ensalada + 1 cc de condimento ligero o verduras al vapor 1 rebanada de pan integral 100 g de pavo 2 biscotes de centeno 1 vaso de leche descremada infusión de frambuesas	100 g de atún fresco + 1 cc de aceite vegetal zanahorias al vapor 1/2 taza de arroz integral 1 vaso de leche descremada infusión de frambuesas

100 g de carne o pescado crudo = 100 g cocido
1 rebanada de pan o panecillo = 30 g
1/2 taza de arroz o mijo = 60 g sin cocer
1 cc = 1 cucharadita de café

Para la leche descremada elija preferentemente leche fresca, evite la leche UHT.

Verduras cocidas al vapor frescas o congeladas a elegir: calabacines, zanahorias, judías verdes, hinojo, endibias, espinacas, col, puerro, apio, etc.

Para las ensaladas: lechuga de todo tipo, endibias, col, coliflor, apio, hinojo, zanahorias, etc.

Para calmar los ataques de hambre al final del día: agua mineral y 1 rebanada de pan integral. *Infusión de frambuesas* (1 cc en infusión de 5 minutos).

Para los remedios de fondo, el drenaje y el apoyo vitamínico, es imperativo consultar habitualmente al médico homeópata.

RÉGIMEN DEL SUPRARRENAL

Alimentos prohibidos	Alimentos autorizados	Alimentos tolerados
alimentos salados	yogur	pescado
queso fermentado	queso fresco	aves
carne roja	queso blanco	café o té
mantequilla	leche descremada	postres ligeros
mariscos	frutas	aceites vegetales
	verduras frescas	
	cereales integrales	
	infusión de perejil	
	(1 cc infusión 5 m)	

Sugerencia de régimen para dos días

Desayuno	Comida	Cena
1 taza de yogur 1 cc de azúcar 1 taza de café o té	Ensalada + 1cc de condimento ligero o verduras al vapor 100 g de salmón fresco asado o salmón en conserva 1 bizcocho de centeno 1 fruta café, té, infusión de perejil 1 cc de azúcar	100 g de bistec verduras al vapor 1/2 taza de arroz 1 fruta 1 vaso de leche descremada o yogur 1 taza de infusión de perejil 1 cc de azúcar
1 taza de cereales integrales con 1/2 taza de leche descremada 1 cc de azúcar 1 taza de café o té	Ensalada + 1 cc de condimento ligero 100 g de atún natural + apio al vapor 1 rebanada de pan integral 1 fruta café o té o infusión de perejil ensalada +1 cc de condimento ligero 1 cc de azúcar	100 g de pechuga de ave hortalizas al vapor 1/2 taza de sémola 1 fruta 1 vaso de leche descremada o yogur 1 taza de infusión de perejil 1 cc de azúcar

100 g de carne o de pescado crudo = 100 g cocido
1 rebanada de pan o panecillo = 30 g
1/2 taza de arroz o mijo = 60 g sin cocer
1 cc = 1 cucharadita de café

Para la leche desnatada, elija de preferencia leche fresca y evite la leche UHT.

Verduras cocidas al vapor frescas o congeladas a escoger: calabacines, zanahorias, judías verdes, hinojo, endibias, espinacas, col, puerro, apio, etc.

Para las ensaladas: lechuga, endibias, col, coliflor, apio, hinojo, zanahorias, etc.

Para calmar los «ataques» de hambre al final del día:

– agua mineral
– potaje de verduras
– yogur
– 1/2 vaso de leche
– *infusión de perejil* (1 cc infusión de 5 min.)

Los puntos débiles y peligrosos: cacahuetes, salchichón, queso roquefort, todos los alimentos salados y especiados.

Para los remedios de fondo, el drenaje y el apoyo vitamínico, es imperativo consultar habitualmente al médico homeópata.

EN CUANTO A LAS VERDURAS

Limitadas a 2 platos al día	A voluntad
alcachofas	pepinos
berenjenas	rábanos
judías verdes	hinojo
puerros	setas
espárragos	pimientos
tomates	apio
nabos	lechuga
soja	espinacas
col	calabacines
brécol	endibias

RÉGIMEN DEL HIPOFISARIO

Alimentos prohibidos	Alimentos autorizados	Alimentos tolerados
yogur	buey	frutas
nata helada	cordero	cereales integrales
nata batida	despojos	leche descremada
queso	pescado, huevos	aceites vegetales
mantequilla	setas	café descafeinado
postres dulces	verduras crudas y cocidas	
café y té	infusión de fenugreco	
	(1 cc infusión 5 min.)	

Sugerencia de régimen para dos días

Desayuno	Comida	Cena
Escalopa de pavo 1 rebanada de pan integral 1 taza de café descafeinado	Gran ensalada o verduras al vapor gambas 1/2 taza de arroz integral 1 fruta infusión de fenugreco	Pollo asado 1 manzana al horno u otra fruta 1 vaso de leche descremada o 1 yogur natural
2 huevos duros 1 rebanada de pan integral 1 taza de café descafeinado	Gran ensalada o verduras al vapor gambas asadas 1/2 taza de arroz integral 1 fruta infusión de fenugreco	100 g de filete de lenguado 1 pera cocida u otra fruta taza de infusión de fenugreco

100 g de carne o de pescado crudo = 100 g cocido
1 rebanada de pan o panecillo = 30 g
1/2 taza de arroz o mijo = 60 g sin cocer
1 cc = 1 cucharadita de café

Para la leche descremada, elija de preferencia leche fresca y evite la leche UHT.

Verduras cocidas al vapor frescas o congeladas a escoger: calabacines, zanahorias, judías verdes, hinojo, endibias, espinacas, col, puerro, apio, etc.

Para las ensaladas: lechuga, endibias, col, coliflor, apio, hinojo, zanahorias, etc.

Para calmar los ataques de hambre al final del día: carne cocida (nada más); infusión de fenugreco (1 cc infusión de 5 min.)

Para los remedios de fondo, el drenaje y el apoyo vitamínico, es imperativo consultar habitualmente al médico homeópata.

RÉGIMEN DEL TIPO GONADAL

Alimentos prohibidos	Alimentos autorizados	Alimentos tolerados
carne roja	frutas	aves
especias	verduras frescas	pescado
nata helada	cereales integrales	leche descremada
mantequilla	yogur	queso ligero
pasteles	queso fresco	aceites vegetales
	infusión de trébol rojo	postres ligeros
		café o té

Sugerencia de régimen para dos días

Desayuno	Comida	Cena
1 fruta cocida o cruda 1 taza de café, té, o infusión de trébol rojo 1/2 cc de miel o azúcar	Ensalada + 1 cc de condimento ligero o verduras al vapor 1 huevo duro 1 rebanada de pan integral 1 fruta 1 vaso de leche descremada café, té, infusión de trébol rojo 1 cc de azúcar o miel	Escalopa de pavo espinacas cocidas al vapor 2 biscotes de centeno 1 fruta 1 vaso de leche descremada 1 taza de infusión de trébol rojo 1 cc de azúcar o miel
1 fruta cruda o cocida 1 taza de café, té o infusión de trébol rojo 1/2 cc de azúcar o miel	1 huevo duro 1 rebanada de pan integral gran ensalada + 1 cc de condimento ligero 1 vaso de leche descremada 1 fruta café, té o infusión de trébol rojo 1 cc de azúcar o miel	Salmón fresco o en conserva 1/2 taza de arroz integral fruta 1 vaso de leche descremada 1 taza de infusión de trébol rojo 1 cc de azúcar o miel

100 g de carne o de pescado crudo = 100 g cocido
1 rebanada de pan o panecillo = 30 g
1/2 taza de arroz o mijo = 60 g sin cocer
1 cc = 1 cucharadita de café

Para la leche descremada, elija de preferencia leche fresca y evite la leche UHT.

Verduras cocidas al vapor frescas o congeladas a escoger: calabacines, zanahorias, judías verdes, hinojo, endibias, espinacas, col, puerro, apio, etc.

Para las ensaladas: lechuga, endibias, col, coliflor, apio, hinojo, zanahorias, etc.

Para calmar los ataques de hambre al final del día:

– agua mineral

– potaje de verduras

– yogur

– 1/2 vaso de leche

– *infusión de trébol rojo* (1 cc infusión de 5 min.)

Los puntos débiles y peligrosos: cacahuetes, salchichón, roquefort, todos los alimentos salados y especiados.

Para los remedios de fondo, el drenaje y el apoyo vitamínico, es imperativo consultar habitualmente al médico homeópata.

Proteínas y adelgazamiento

Las proteínas provienen del aporte alimentario animal —carne, productos lácteos, huevos— y del aporte vegetal —cereales o legumbres. Su digestión por medio de las enzimas *proteolíticas* (encargadas de separar las moléculas y degradar las proteínas para su asimilación) del páncreas, da lugar a los *aminoácidos* (unos veinte participan en el metabolismo del ser humano), indispensables para la vida celular. Las proteínas constituyen la tercera familia de macronutrientes, destinados principalmente al tejido muscular y a las neuronas.

Los aminoácidos permiten la síntesis, a través de las células, de todos los constituyentes proteicos tisulares y estructurales.

Los primeros son necesarios para fabricar el armazón del organismo (colágeno, elastina, actina y miosina), los segundos, para el transporte de múltiples componentes biológicos (albúmina, tranferrina).

Ocho aminoácidos son esenciales para el adulto, es decir, no sintetizables por el organismo: isoleucina, leucina, lisina, metionina, fenilalanina, treonina, triptófano y valina, a los que se añaden, en el recién nacido, otros dos aminoácidos con funciones metabólicas todavía inmaduras: cisteína e histidina.

El aporte proteico es capital en materia de defensa inmunitaria. Las proteínas participan en la regulación de la proliferación de las células linfocitarias (glóbulos blancos llamados linfocitos T y B). Dos aminoácidos tienen un papel particular en la inmunidad: la cisteína como antioxidante y la arginina, precursor del monóxido de nitrógeno, mediador universal de múltiples funciones fisiológicas.

El papel de las proteínas y de los aminoácidos de origen alimentario es primordial para limitar los estados de *hipercatabolismo* (degradación) que acompañan a toda enfermedad infecciosa.

Proteínas para adelgazar

La cura de proteínas propone una pérdida de peso rápida, eficaz y segura. El aporte proteico casi exclusivo (más del 85%) permite conservar la masa muscular. Esto da lugar a un adelgazamiento únicamente a expensas de la materia grasa, que no provoca aumento de peso tras la fase de estabilización.

Entre las proteínas, hay que hablar esencialmente de la proteína de soja, que compone el régimen proteínico y es una indicación muy interesante en el caso de los trastornos de la menopausia. Los fitoestrógenos protegen del cáncer de mama y de las enfermedades cardiovasculares.

Los fitoestrógenos contenidos esencialmente en la soja (alimentos de origen vegetal) ejercen una acción beneficiosa sobre el metabolismo de los lípidos en el organismo; el consumo diario de 30 a 45 g de proteínas de soja puede disminuir de manera significativa la tasa de colesterol.

La incidencia de los cánceres hormonodependientes (mama, endometrio, próstata) es claramente más baja en las poblaciones asiáticas, que consumen soja en grandes cantidades.

Finalmente, la acción de los fitoestrógenos puede explicar la disminución de los sofocos, la regulación del ciclo menstrual y la disminución de pérdida ósea tras la menopausia.

Interés de la proteína de soja (sin OMG)

En nuestra alimentación, la soja se presenta bajo numerosas formas: semilla, aceite, harina y zumo. El germen de soja que empleamos en nuestras ensaladas se compone de semillas de soja germinadas y su tallo.

Las semillas poseen una gran riqueza en proteínas (36,9%) de alto valor biológico, tanto por su distribución como por la cantidad de aminoácidos esenciales, comparable a la de las proteínas animales. Las semillas de soja son más ricas en lípidos (18,1%), sobre todo poliinsaturados (72%), con una fuerte proporción en ácidos grasos esenciales.

Aportan también, en cantidad no desdeñable, potasio, fósforo, hierro y vitaminas del grupo B.

Sin embargo, las semillas de soja se consumen muy poco en estado natural, a causa de su desagradable sabor a judía seca y a la presencia de elementos antinutricionales: inhibidores de la tripsina, *fitatos* (inhibidores de la asimilación del calcio) y elementos responsables de flatulencia.

La transformación de estas semillas en aceite, harina, zumo o derivados (tofu, tempeh, etc.) permite eliminar estos problemas. El zumo de soja, que se parece a la leche, puede entrar en todas las preparaciones a base de leche (bebidas, entremeses y leche fermentada).

Es pobre en calorías (42 kcal/100 g) y aporta tantas proteínas como la leche de vaca (3,6 g/100 g). La harina de soja es dos veces más rica en proteínas que la harina de trigo.

Los industriales que la utilizan para fabricar concentrados o aislados de proteínas lo han comprendido así.

Los cuadros siguientes le ayudarán a establecer su régimen adelgazante en función de su tipo.

Las combinaciones alimentarias

Saber evitar las asociaciones de alimentos peligrosos comporta, evidentemente, mantener una buena digestión y escapar a las manifestaciones desagradables de un sistema digestivo maltratado (véase página 175). Pero también resulta un método excelente para perder peso.

En efecto, según los estudios, especialmente de investigadores norteamericanos, se sabe que el hecho de asociar, en una misma comida, cierto tipo de alimentos aumenta la secreción de insulina y la tasa de azúcar en la sangre.

Después de una serie de reacciones bioquímicas, esta tasa excesiva de azúcar e insulina en la sangre (recordemos que esta última es la encargada del metabolismo de los azúcares, y su carencia provoca diabetes) da lugar a un almacenamiento de grasa en los tejidos.

La ventaja de este método, que no puede llamarse verdaderamente régimen, es que permite olvidar la noción de cantidad. Dicho de otra manera, si usted respeta las asociaciones, no está obligado a limitar la cantidad de alimento que ingiere. Adelgazará sin frustración y su humor no se resentirá.

En el cuadro siguiente, la asociación prohibida es la de los alimentos de la primera columna con los de la tercera columna, lo cual significa hacer una comida basada en las proteínas (columna 1 con columna 2) o una comida a base de hidratos que carbono, que no hay que descuidar en la alimentación (columna 2 con columna 3).

Esta última combinación es la mejor para el desayuno. En caso de una comida en el restaurante, es más fácil asociar las columnas 1 y 2. A usted le corresponde establecer el equilibrio alternando las asociaciones durante el día y la semana.

Hay que destacar que las verduras y las ensaladas pueden asociarse con las otras dos categorías de alimentos, a condición de controlar los condimentos. Una ensalada con aceite de oliva no puede preceder a un plato de lentejas, ni la mantequilla puede sazonar las patatas. Asimismo, no se puede echar azúcar en el café, tras una comida que asocia las columnas 1 y 2.

CUADRO DE LAS COMBINACIONES ALIMENTARIAS QUE FAVORECEN EL ADELGAZAMIENTO

Proteínas	Verduras con fibra	Hidratos de carbono
Mantequilla	Espárragos	Harina
Aceite	Alcachofas	Pan
Embutidos	Berenjenas	Biscotes, arroz
Queso	Acelgas	Pasta (sin huevo)
Huevos	Brécol	Sémola
Carne	Calabacines	Cuscús
Buey	Apio	Mijo
Caballo	Setas	Sarraceno
Cordero	Col	Cebada

Proteínas	Verduras con fibra	Hidratos de carbono
Cerdo	Calabaza	Centeno
Ternera	Endibias	Tapioca
Conejo	Espinacas	Judías secas
Caza	Hinojo	Zanahorias
Aves	Judías verdes	Guisantes
Pollo	Cebolla	Lentejas
Pavo	Nabos	Patatas
Pintada	Puerros	Remolacha
Pato y otras aves	Pimientos	Maíz
Pescado	Brotes de soja	Azúcar
Anchoas	Rábanos	Miel
Arenques	Lechuga	Confitura
Sardinas	Tomate	Fruta
Caballa		Frutos secos
Atún		Cereales
Salmón		Leche descremada
Trucha		Yogur
Rape y otros pescados		Queso blanco
Mariscos		
Ostras		
Mejillones		
Cangrejo		
Gambas		
Langosta, crustáceos		

Mala asociación (Proteínas ↔ Hidratos de carbono)

Buena asociación (Proteínas – Verduras con fibra)

Buena asociación (Verduras con fibra – Hidratos de carbono)

En conclusión

La actualidad homeopática resurge a través de las molestias digestivas y del daño ecológico, cuestiones que entran con fuerza en el dominio público. Estos hechos ponen en evidencia el peligro de la cantidad en la alimentación, la creciente contaminación y el discreto control mediático ante el hecho publicitario.

El alimento es una sustancia compleja capaz de asegurar las necesidades vitales. La digestión transforma los alimentos en nutrientes enteramente asimilados y asegura una medicina natural del cuerpo.

Desgraciadamente, el elemento desnaturalizado crece con rapidez. Restaurantes, bares de bocadillos, tascas y otras «fábricas de alimentar» han tomado el relevo de la cultura alimentaria. De todo esto resulta que los desechos que deben eliminarse aumentan en relación con el valor nutritivo que se busca, y se descubre la paradoja de la **subnutrición** en el seno de la abundancia, y cada vez hay más curaciones inesperadas gracias a un orden alimentario que se supone acompaña a medicaciones no agresivas.

La nutrición, piedra angular de la salud y de la armonía biológica y social, puede aumentar nuestra fuerza de trabajo y facilitar las relaciones humanas (*Partager le pain*, Jean Trémollière, ediciones Robert Laffont).

El médico, frente a la imponente farmacología, aplica su medicina con una cierta sensación de miedo y angustia. Debido a su dependencia de una química sin control, no es capaz de ser el médico de la armonía del cuerpo. Su saber lo pone frente a las certezas efímeras de la doctrina del momento. Trata los síntomas desagradables y proporciona comodidad al enfermo sin el criterio primordial de una eficacia y una curación duraderas, como la desaparición de un eczema que se extiende con la aparición de un asma.

La información a través de las técnicas de diagnóstico por la imagen lo tranquilizan con respecto a la seguridad del diagnóstico. Pero el camino terapéutico es imperfecto y está sembrado de escollos. «El ser humano es constructor de imágenes mentales, de allí vienen la contaminación y la mediocridad engendradas por la negatividad de nuestros estados de humor conflictivos o agresivos», escribe Jeanne Guesné (*Le troisième souffle*, ediciones Albin Michel).

Crece el abismo entre el conocimiento y el saber. El único que puede reunir estos dos estados es justamente el ser humano, porque conoce el sentido de su destino. El ser humano debe permitir la emergencia, en la vida actual, de un objetivo, de una aspiración a un poco más de «ser». Esta aspiración se vuelve una ola transportadora (Jeanne Guesné).

La homeopatía escucha el signo, el eco del otro, para no abandonar la vida a intereses personales que liberan el frenesí de la violencia, barrera para los verdaderos valores. No se puede ser árbitro y confesor, sólo se puede ser un reactivador individual, en una sociedad donde todo está basado en consignas o leyes de consumo. La homeopatía alza el estandarte de la preocupación terapéutica, ayuda al otro con medios maravillosos: las herramientas infinitesimales que provienen del mundo vegetal, mineral y animal.

Esta vocación de curar y cuidar nos ha clasificado entre las medicinas paralelas no reconocidas. El descrédito no llega a la fe, pero enriquece el saber y llena de humildad al médico frente a su tarea esencial, la de curar.

Síntomas, enfermedades y modalidades

Índice

Los números de página seguidos del signo ss. indican párrafos donde el tema se trata con mayor detalle, a veces, a lo largo de varias páginas.

Términos médicos

Léxico

Acufenos: ruidos sin motivo en los oídos; se habla también de «zumbidos de oídos».

Adenitis: inflamación de los ganglios.

Adipocitos: células grasas que se forman al nacer y durante la primera infancia. En gran número, provocan obesidad.

Anafiláctico (choque): malestar repentino, que puede ser grave, debido a una reacción alérgica.

Antihistamínico: que frena la producción de histamina, por lo tanto, la reacción alérgica.

Astenia: fatiga intensa, cercana al agotamiento.

Aterosclerosis: depósito de placas de grasa en las paredes de las arterias, que disminuyen su luz.

Atonía: pérdida intensa de energía.

Atópico: aptitud a presentar diversas reacciones alérgicas sin sensibilización previa.

Bilirrubina: pigmento urinario que aumenta anormalmente en la sangre en caso de ictericia (*Bilirubinemia*) y que colorea normalmente las heces de color marrón.

Carcinógeno: susceptible de provocar cáncer.

Cardias: parte superior del estómago.

Catecolaminas: hormonas que actúan sobre el sistema nervioso simpático.

Cefalea: dolor de cabeza.

Ciclotimia: variaciones injustificadas del humor.

Circadiano: califica el ritmo cotidiano de los días y de las noches.

Colagogo: estimulante de la secreción de bilis por parte del hígado.

Colecistectomía: extirpación quirúrgica de la vesícula biliar.

Colerético: que mejora el paso de la bilis de la vesícula al intestino por contracción de la vesícula biliar.

Colibacilos: gérmenes microbianos del intestino.

Colitis: inflamación o lesión del intestino grueso.

Colostasis: ausencia de flujo de bilis de la vesícula al intestino.

Constitución: conjunto de características, especialmente hereditarias, de un individuo.

Depresión postparto: depresión que sobreviene tras el parto, debido a los cambios hormonales.

Dermatitis: irritación de la piel.

Dermatosis: afección de la piel.

Diafragma: músculo plano situado debajo del estómago que se aplana durante la inspiración.

Disfagia: dificultad para tragar.

Dismicrobismo: desequilibrio de la flora microbiana saprófita.

Dismorfofobia: rechazo de la imagen de su propio cuerpo que engendra problemas psicológicos.

Disnea: dificultad para respirar debida a una reacción alérgica o que sobreviene durante el sueño.

Dispepsia: mala digestión.

Diuresis: emisión de orina.

Dolicocolon: colon anormalmente estrecho.

Edema de Quincke: hinchazón de la cara y de la garganta tras una reacción alérgica (choque anafiláctico).

Epistaxis: sangrado por la nariz.

Escíbalos: heces duras y redondeadas en forma de excrementos de cabra, provocadas por el estreñimiento crónico.

Esclerosis: endurecimiento o enquistamiento de los tejidos.

Esclerótica: membrana que protege el globo ocular.

Espasmofilia: tendencia a los espasmos musculares debidos a excitación nerviosa.

Esquizoide (estado): caracteriza un estado de ruptura del contacto con los demás.

Estenosis: reducción de la luz de un órgano.

Exantema: enrojecimiento o aflujo de sangre bajo la piel.

Exoneración: expulsión de heces.

Fitoterapia: tratamiento mediante plantas.

Fobia: miedo irracional, excesivo y obsesivo.

Fosa ilíaca: parte lateral baja del abdomen.

Funcional (síntoma, problema): se refiere a la alteración del funcionamiento de un órgano.

Glicemia: tasa de azúcar (glucosa) en la sangre.

Hematopoyesis: proceso de formación de los glóbulos rojos de la sangre.

Hemoglobina: pigmento que tiñe la sangre de rojo y contribuye al transporte del oxígeno.

Hidrato de carbono: azúcar.

Hiperclorhidria: exceso de secreción de ácido clorhídrico, constituyente principal del jugo gástrico, que ataca la mucosa, insuficientemente protegida por el moco.

Hipercolesterolemia: exceso de colesterol en la sangre.

Hiperemiante: que favorece la congestión.

Hiperestenia: exceso de energía.

Hiperleucocitosis: aumento anormal del número de glóbulos blancos en la sangre. **Postprandial**, se emplea para la hiperleucocitosis que se produce después de las comidas.

Hipocondría: estado y comportamiento de una persona que se cree permanentemente enferma y está obsesionada con la enfermedad.

Hipocondrio: parte del tórax que se sitúa debajo de las costillas.

Hipoestenia: falta de energía.

Hipomagnesemia: tasa baja de magnesio en la sangre.

Hipotálamo: glándula situada en la base del cerebro, sede de las emociones.

Ictericia: coloración amarilla de la piel, o hepatitis A.

Inflamación: secreción anormal debida a una producción excesiva, por ejemplo, de moco.

Lesional: afección del órgano o del tejido, etapa que sigue a la afectación simplemente funcional.

Litiasis: depósito de arenilla o cálculos en la vesícula biliar o en el riñón.

Logorrea: conversación excesiva casi enfermiza.

Megacolon: colon anormalmente dilatado.

Migraña: dolor de cabeza que afecta sólo a la mitad del cráneo.

Mitosis: división anárquica de la célula, precursora del cáncer.

Mucomembranosa: tipo de afección que implica la eliminación de trozos de mucosa y moco.

Muguet: enfermedad causada por *Candida Albicans.*

Mutágenos: se dice de las células que han sufrido cambios en su estructura.

Neuralterapia: inyección de remedios homeopáticos alrededor de un empaste dental para paliar los efectos de la contaminación debida de las amalgamas dentales.

Oligoterapia: tratamiento mediante oligoelementos y, por extensión, por medio de minerales y vitaminas.

Osteoporosis: pérdida de la densidad ósea que se produce, sobre todo en algunos casos, durante la menopausia.

Oxigenoide: que posee un metabolismo muy activo que quema rápidamente las reservas.

Pepsina: enzima digestiva del estómago que sirve para degradar las proteínas.

Peristaltismo: función de contracción del colon que permite la progresión de las heces que se deben expulsar.

Píloro: paso entre el estómago y el intestino delgado.

Pirosis: ascenso del jugo gástrico ácido al esófago, que provoca ardores y un sabor desagradable.

Policresto: medicamento homeopático de amplio espectro, representativo de un perfil.

Primípara: se dice de una mujer embarazada de su primer hijo.

Prolapso: caída de un órgano.

Protrusión: salida hacia delante, por ejemplo, de una hemorroide.

Prurito: picor, que puede no tener causa.

Psicastenia: moral baja, disminución de la alegría de vivir.

Psicosomático: se dice de un problema funcional ligado a una causa psíquica.

Pústulas: pequeños relieves de la piel que contienen gérmenes microbianos y pus.

Queloides: caracteriza las induraciones cutáneas que se forman, por ejemplo, sobre una cicatriz.

Recto: parte final del colon, que conduce al ano.

Rectocolitis: inflamación del colon y también del recto.

Reticuloendotelial (sistema): sistema que asegura la depuración del organismo.

Saprófito: se dice de un germen que vive en buena armonía con nuestro organismo.

Serotonina: hormona que contribuye a dilatar los vasos sanguíneos.

Sicosis: envejecimiento de los tejidos y del organismo.

Sigmoide: parte curva del colon situada justo antes del recto.

Síndrome del restaurante chino: malestar debido a la ingesta del glutamato, generalmente presente en este tipo de cocina.

Temperamento: manera de comportarse en la vida.

Tenesmo: tensión dolorosa del recto con ganas de defecar pero ineficaz.

Tialina: enzima de la saliva que permite la predigestión de los almidones.

Trombosis: formación de un coágulo en la circulación sanguínea.

Turista: colopatía que sobreviene durante los viajes, debido a los cambios alimentarios y, a veces, a la contaminación microbiana.

Vagotónico: ligado al parasimpático (el nervio vago es el elemento principal), sistema antagónico del simpático. El primero regula las funciones y el segundo prepara la reacción al estrés.

Vellosidades: pequeñas prominencias de la mucosa intestinal.

Vena porta: vena importante que reúne las venas esplénica y mesentérica y asegura el retorno de la sangre que viene del sistema digestivo hacia el hígado.

Verbalización: expresión de los sentimientos por medio de la palabra.

Volátiles: se dice de las sustancias que pueden volar en el aire y producen, a veces, olores.

Medicamentos homeopáticos

Índice

◆ Origen vegetal
○ Origen animal
◇ Origen mineral, metaloide o químico
□ Excreciones de origen patológico (vacunas, etc.).

Las cifras que siguen a las definiciones de los medicamentos indican las páginas donde se citan. Los números en negrita y subrayados señalan las páginas donde estos medicamentos forman parte de los «retratos homeopáticos».

1D significa que la planta se utiliza en gemoterapia (dilución a 1 decimal), TM, que se utiliza como tintura madre.

◇ *Argentum nitricum*: nitrato de plata.
◆ *Arnica montana*: árnica de las montañas (compuestas).
◇ *Arsenicum album*: anhídrido arsenioso.
◆ *Asa foetida*: asa fétida.
◇ *Aurum metallicum*: oro.
◆ *Avena sativa*: avena cultivada.
□ *Aviaire*.

◇ *Baryta carbonica*: carbonato de bario.
◆ *Belladonna atropa*: belladona (solanáceas), planta venenosa.
◆ *Berberis vulgaris*: agracejo (berberidáceas).
◇ *Borax veneta*: borato de sodio.
◆ *Bovista*: pedo de lobo (hongo).
◆ *Bryonia alba*: brionia (cucurbitáceas) planta trepadora.

◆ *Cajaputum*: esencia de cayeputi 1 D.
○ *Calcarea carbonica*: caliza de ostra.
◇ *Calcarea phosphorica*: fosfato tricálcico.
◇ *Calcarea sulfurica*: sulfato de calcio.
◆ *Cambogia*: goma.
◇ *Camphora*: alcanfor.
□ *Candida albicans*: Candida albicans.
○ *Cantharis vesitacoria*: mosca española.
◆ *Capsicum*: pimiento de jardín (solanáceas).
◆ *Carbo vegetabilis*: carbón vegetal.
◆ *Carduus marianus*: cardo mariano (compuestas) en TM.
◇ *Causticum*: sustancia cáustica de Hahnemann.
◆ *Cedron*: cedrón de América.
◆ *Chamomilla vulgaris matricaria*: matricaria manzanilla (compuestas).
◆ *Chelidonium majus*: hierba de las golondrinas (papaveráceas).
◆ *China officinalis*: árbol de la quina roja (rubiáceas). América del Sur.
◆ *Chionanthus virginiana*: árbol de nieve.
◆ *Cina*: santónico (compuestas).
◆ *Colchicum*: cólquico de otoño (liliáceas).
◆ *Collinsonia canadensis*: labiada de Canadá.
◆ *Colocynthis*: cólquico (cucurbitáceas).
◆ *Condurango*: corteza de gonolobus condurango.

○ *Corallium rubrum*: coral rojo.
◆ *Crocus sativus*: azafrán.
◆ *Croton tiglieum*: crotón tiglio (eurobiáceas).
◇ *Cuprum arsenicosum*: arsenito de cobre.
◇ *Cuprum metallicum*: cobre.
◆ *Cyclamen europaeum*: ciclamen (primuláceas).

◆ *Digitalis purpurea*: digital púrpura (escrofulariáceas).
◆ *Delichos puriens*: picapica.
◆ *Dulcamara*: dulciamarga (solanáceas) o hierba mora.

◆ *Echinacea angustifolia*: equinácea.
◆ *Erigeron canadensis*: erigeron de Canadá (compuestas) hierba cana.

◇ *Ferrum metallicum*: hierro.
○ *Formica rufa*: hormiga roja.

◆ *Gelseminium sepervirens*: gelsemina (loganiáceas), planta trepadora, China y México, clavel de California.
◇ *Graphites*: grafito (carbón cristalizado).
◆ *Gun Powder*: pólvora de fusil.

◆ *Hammamelis virginiana*: Hamamelis (hamameliáceas)
◇ *Hekla lava*: lava del monte Hekla.
◆ *Helleborus*: eléboro, rosa de Navidad.
◆ *Helonias dioica*: veratro.
◇ *Hepar sulfur*: pasta de azufre calcáreo (calcáreo de Hahnemann).
○ *Histaminum*: histamina.
◆ *Hydratis canadensis*: sello de oro de Canadá (ranunculáceas).
◆ *Hyosciamus niger*: beleño negro (solanáceas).

◆ *Iberis amara*: iberis amara, (cruciferáceas).
◆ *Ignatia amara*: haba de san Ignacio (loganiáceas), India oriental.
◇ *Iodum*: yodo.
◆ *Ipecacuanha*: ipeca (rubiáceas).
◆ *Iris versicolor*: gladiolo azul.

◆ *Jaborandi*: jaborandi (rutáceas) árbol de América del Sur.

◆ *Juglans cinera*: nogal de América (Juglandáceas).

◇ *Kalium bichromincum*: bicromato de potasio.

◇ *Kalium carbonicum*: carbonato dipotásico.

◇ *Kalium muriaticum*: cloruro de potasio.

◇ *Kalium phosphoricum*: fosfato dipotásico

◆ *Kreosotum*: creosota de haya (fagáceas).

○ *Lac defloratum*: leche descremada.

○ *Lachesis mutus*: veneno de trigonocéfalo (crótalo).

○ *Lachesis trigonocephalus*: trigonocéfalo.

◆ *Lycopodium clavatum*: licopodio (licopodiáceas).

◇ *Magnesia carbonica*: carbonato de magnesio.

◇ *Magnesia muriatica*: cloruro de magnesio.

◇ *Magnesia phosphorica*: fosfato de magnesio.

◆ *Mandrágora officinarum*: mandrágora (solanáceas).

□ *Medorrhinum*: nosode de gonococo.

◇ *Mercurius corrosivus*: cloruro mercúrico.

◇ *Mercurius solubilis*: mercurio de Hahnemann.

□ *Monilia albicans*: candica albicans.

○ *Moschus*: almizcle.

◇ *Muriaticum acidum*: ácido clorhídrico.

◆ *Myrica cerifera*: laurel silvestre.

◇ *Natrum arsenicosum*: arseniato de sodio.

◇ *Natrum carbonicum*: carbonato de sodio.

◇ *Natrum muriaticum*: cloruro de sodio.

◇ *Natrum phosphoricum*: fostato disódico.

◇ *Natrum silicofluoratum*: fluosilicato de sodio.

◇ *Natrum sulfuricum*: sulfato disódico.

◇ *Nitricum acidum*: ácido nítrico.

◆ *Nuphar luteum*: nenúfar amarillo.

◆ *Nux moschata*: nuez moscada.

◆ *Nux vomica*: nuez vomitiva (loganiáceas). Asia del Sudeste.

◇ *Oxalicum acidum*: ácido oxálico.

◆ *Paeonia officinalis*: rosa de santa Clara (ranenculáceas).
□ *Parathyphoidinum*: nosode de la paratiroides.
◇ *Petroleum*: petróleo.
◇ *Phenobarbitalum*: fenobarbital.
◇ *Phosphoricum acidum*: ácido fosfórico.
◇ *Phosphorus*: fósforo blanco.
◇ *Plumbum metallicum*: plomo.
◆ *Podophyllum*: podofilio.
□ *Psorinum*: nosode de pústula del acáro.
◆ *Ptelea trifoliata*: olmo de tres hojas (ulmáceas).
◆ *Pulsatilla nigricans*: anémona pulsatilla (ranunculáceas).
□ *Pyrogenium*: nosode antipurulento.

◆ *Quasia amara*: cuasia amarga (simarrubáceas) arbusto tropical.
◆ *Quercus glandium*: bellota de roble a 1 D.

◇ *Radium bromatum*: bromuro de radio.
◆ *Ranunculus bulbosus*: flor de san Diego (ranunculáceas).
◆ *Ratanhia*: arbustillo (leguminosas).
◆ *Rheum officinale*: ruibarbo oficinal.
◆ *Ricinus communis*: ricino.
◆ *Robina*: seudoacacia.
◆ *Ruta graveolens*: ruda fétida (rutáceas).

◆ *Sanguinaria canadensis*: Sanguinaria de Canadá, planta herbácea (papaveráceas).
◆ *Scrofularia nodosa*: escrofularia nudosa (escrofulariáceas).
◆ *Sedum acre*: telefio ardiente, planta de los techos.
◇ *Selenium*: metaloide selenio.
○ *Sepia*: tinta de sepia.
○ *Serum equi*: suero de caballo.
◇ *Silicea terra*: sílice del cristal de roca.
◆ *Spiritus Quercus glandium*: destilado de TM de bellotas a 1 D.
◆ *Staphysagria delphinium*: hierba piojera (ranunculáceas).
◇ *Sulfur*: azufre.

◇ *Sulfuricum acidum*: ácido sulfúrico.

◆ *Symphoricarpus racemosus*: madroño de América.

◆ *Taraxacum*: diente de león.

○ *Theridion*: araña pequeña de vivos colores.

◆ *Thuya*: tuya, árbol de la vida.

◇ *Uranium nitricum*: nitrato de uranilo.

◆ *Urtica urens*: Ortiga picante (urticáceas).

◆ *Veratrum album*: eleboro blanco (liliáceas).

○ *Vipera aspis*: veneno de serpiente.